超快速 提升设计力 Photoshop 选区应用

[日] 柘植博芳 / 著   司雨萌 / 译

中国青年出版社

购买・使用前必读须知

● 在您购买、使用本书时，书中涉及的软件操作等信息可能会发生变化。此外，由于软件的版本升级等原因，书中的说明、软件功能、具体截图等内容也有可能发生变化。购买本书前请务必确认您所使用的Photoshop软件版本号信息。

● 本书的内容是基于Photoshop CC 2017版本而写作的，同时也适用于CC 2018版本。

● 本书仅为读者提供Photoshop的部分操作信息，出版社及作者本人不为读者使用书中信息操作后产生的结果负责。读者需自行判断如何使用本书中的信息。此外，超出本书内容的个别指导等也不属于服务范围，请提前知晓。

● 读者需自行判断如何使用本书中的样本素材文件。出版社、作者、Photoshop软件开发者、素材文件制作者等个人及企业，对本书读者使用素材文件导致的任何直接/间接损失不负法律责任。

使用本书之前，请阅读了解以上注意事项。
在此基础上，如对书中内容有任何疑问，可联系技术评论出版社。

本书中所使用的产品名称，均为相关产品的正式商标名称或登录商标名称。

序 言

"原以为Photoshop只是个简单的图像处理软件，但真正用起来才发现好难啊。"

我在大学第一次接触到Photoshop时，曾发出过这样的感慨。

时过境迁，这些年来我从事着平面设计、编辑等工作，与Photoshop相伴走过了许多时光。

也正是这些年的经验让我越来越了解Photoshop。要我说，学Photoshop最开始，也是最重要的一步就是学习选区的相关知识：图像的调整、修补、合成等，都离不开最基础的选区知识。能否使用正确的方法建立选区、掌握适合不同情况的选区工具的技巧，会极大地影响使用Photoshop进行图像处理的效率和效果。

本书重点着眼于"选区范围的确定"，和选区关系密切的"蒙版编辑"功能的应用，对选区工具、基本操作各项功能、选区和蒙版的基础知识等进行详细介绍，可以帮助PS初学者快速上手并掌握方法。此外，书中还介绍了随着Photoshop版本升级，逐步搭载的选区和蒙版相关的最新功能。

掌握快速建立选区的技巧，能够大大节约图像处理的时间。学习本书内容后，您将可以用小技巧瞬间完成原本觉得困难的操作，也可以用快捷键提高图像处理的效率。

希望本书能够帮助读者朋友提升Photoshop操作技巧，并为您的图像处理技巧有更进一步的助益。

最后我想借此机会，向在本书出版发行过程中给予我帮助、支持的技术评论出版社和田规编辑以及相关工作人员致以最诚挚的感谢。

柘植ヒロポン（Tsuge Hiropon）

本书的使用方法

本书介绍了关于提高确定Photoshop选区范围、蒙版编辑效率的方法，并辅以详细示例进行说明，帮助读者更快速地完成图像后期、设计工作。此外，书中还使用实际图像处理的案例，详细介绍了能够节约时间的快捷键、确定所需选区范围的工具等，帮助读者理解具体操作。

Photoshop版本说明

作者写作本书时Photoshop的最新版本为CC 2017，但解说部分对应的是CC 2018版本。在Creative Cloud上可以随时进行版本更新，并增加最新功能。由于新功能往往能够提升图像处理效率，因此推荐使用最新版本。CS6及以前版本可能不包含本书中提到的部分功能，如本书中的Tip58"如何只选择照片的焦点部分"中所使用的"选择"菜单中的"焦点区域"功能，该功能为CC 2014版本新增加的功能。

如果您在使用此书时无法在所用的Photoshop中找到某些功能，有可能为后续更新的功能。使用本书前，您可以在Photoshop官网确认各版本更新时的功能变化：https://helpx.adobe.com/cn/photoshop/using/whats-new.html。

按键说明

本书正文中使用的软件操作界面截图和说明时使用的快捷键均对应Windows系统。同样的操作在MacOS系统中也可以实现，本书中在涉及快捷键操作时同时标注了同一操作在Windows系统及MacOS系统中的快捷键。不论您使用的电脑是Windows系统还是MacOS系统，都能够通过本书进行学习。此外，Windows和Mac中的键盘总替换原则如下：

Mac		Windows
⌘ (command)	=	Ctrl
Option	=	Alt
Return	=	Enter
Control ＋ 单击	=	右键单击

示例文件说明

本书中使用样本素材作示例文件，素材可以从本公司网站下载，网站链接和登录时使用的账号、密码如下。

http://gihyo.jp/book/2017/978-4-7741-9428-8/support

[ID] jitanps   [Password] select

注意：下载的样本素材版权受法律保护，仅限购买本书的读者以学习目的使用。禁止用于其他目的或进行二次传播等。

示例文件较大，下载可能会花费一定时间。下载速度及成功率受网络状态影响，如下载失败请更换网络环境再次尝试。

关于文件下载、获取及使用，如有疑问请尝试根据以上指引自行解决，感谢您的理解与支持。

本书中的部分图片资源来源于免费图片素材网站：足成网。

示例中使用该网站的图片时，该页下方会标注相关图片的下载链接，请直接登录足成网下载（编者注：所有图片素材将会被下载好直接提供给读者）。

足成网的使用方法请参考以下链接：http://www.ashinari.com/about/guide/index.php
（所使用的浏览器需激活Adobe flash player功能）

软件相关注意事项

●在使用本书之前，读者需要在电脑中自行下载Windows版本/MacOS版本的Photoshop应用程序（本书中的内容不适用于Photoshop fix/mix/Sketch等手机端应用程序）。

●Adobe公司的另一款软件Photoshop Elements与本书中介绍的Photoshop为两款不同的独立软件，本书中的解说无法对应该软件操作，请注意。

●如软件出现异常，需要技术帮助，推荐您访问Adobe公司官网的Adobe帮助页面查找解决方案。https://helps.adobe.com/cn/support.html。

Contents

Part 1 通过基本技巧提高操作效率

Part 2 基于形状应用的选区技巧

Part 3 基于颜色应用的选区技巧

Part 4 关于选区的实操技巧

通过基本技巧提高操作效率

Tip

01

选区是什么?

↓

一张图片中被选择的轮廓线内的像素

选区建成后,可以只针对选区范围内的图像进行处理,操作不会影响到未被选择的区域。选区有256个灰度级别(即选区有透明度)且可以指定,数值表示像素中的灰度被选中的程度。

1 比如,当希望改变图片中某一部分区域的颜色或剪切图片中自己需要的部分粘贴至其他图片时,可以使用选择类工具/ 功能建立选区后再操作。选区的四周通常为虚线轮廓。

2 建立选区后,能够仅对选区内部的图像进行编辑,不影响选区外的部分。例如,可以改变选区内图片的颜色(如右图所示)。

3 还可以剪切拷贝选区，
然后再粘贴至新建图层
（如右图所示）。

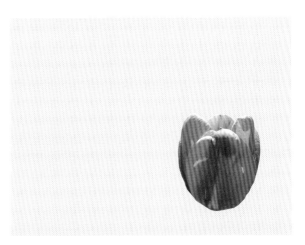

Part 2

4 选区并非一定指某区
域内的全部像素。在
Photoshop中选区共有256个
灰度级别，白色部分的像素为
被选中部分，黑色部分的像素
为未被选中。灰色介于两者之
间，指部分被选中。右图所示
图片中从上至下颜色由白至黑
渐变，其中被选中的像素占比
递减。

5 建立渐变选区后，原始
图片显示如右图所示。

【 Point 】

渐变图片（8bit）包含黑
（0）至白（255）共256
个灰度级别，灰色的深浅
对应所选像素占比多少。
关于蒙版请参考Tip59。

扫一扫
看视频

如何从其他工具快速切换到选区工具？

↓

使用各选区工具的快捷键

选区工具使用比较频繁，最好能记住它们各自对应的快捷键。此类工具的快捷键一般为单一按键，如按 M 键可切换至"矩形选框工具"，按 L 键可切换至"套索工具"，按 W 键可切换为"快速选择工具"（会切换至该工具组中最近一次被使用的功能）。

1　按 M 键可切换至基本图形选框工具组，该组包括"矩形选框工具"和"椭圆选框工具"等。

2　按 L 键可切换至不规则图形选框工具组，该组包括"套索工具"、"多边形套索工具"和"磁性套索工具"。

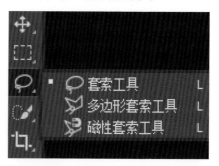

3　按 W 键可切换至 Photoshop 智能选择工具组，该组包括"快速选择工具"和"魔棒工具"。

(Point)

使用 Windows 系统时，中文输入法会默认优先文字录入功能，此时快捷键会失效。如需使用快捷键，请关闭中文输入法的输入功能，或者直接切换至英文输入法。

Tip
03

扫一扫
看视频

如何在选择类工具的子选项间快速切换？

↓

[Alt 键（Win）/ Option 键（Mac）+
单击左键或 Shift 键+对应工具组快捷键]

一个选择类工具组内可能会有多个子选项，想要在组内切换子选项，可以鼠标左键长按工具组图标或单击右键调出菜单后选择，也可以用更简单快速的快捷键操作：Alt+左键单击工具组图标，或 Shift+对应工具组快捷键。

1 常规操作：鼠标左键长按或右键单击工具组图标❶，调出工具组子菜单，然后选择目标工具❷。

2 按住 Alt 键然后单击相应工具组图标，可以在该组内按顺序依次切换子选项，非常方便。规则图形选框工具组的切换操作和次序如下图所示。

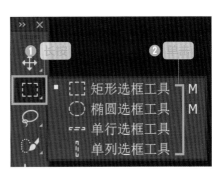

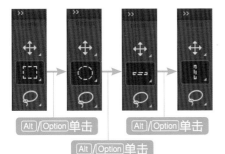

3 也可以使用组合键：同时按 Shift 键和相应工具组的快捷键，即可在对应子选项中切换。例如，规则图形选框工具组操作如下图所示。

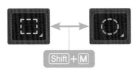

(**Point**)

可以在"首选项"（Control+K 键（Win）/⌘+K 键（Mac）>"工具"）对话框中取消勾选"使用 Shift 键切换工具"复选框后直接使用字母快捷键操作，这样更加方便。

如何建立正方形、正圆形选区?

按住 Shift 键并拖动鼠标

正方形和正圆形的选区比较简单，使用频率也比较高。想要从鼠标单击处建立正方形或正圆形选区，只需按住 Shift 键并拖动鼠标。此外也可以按住 Alt + Shift 组合键（Win）/ Option + Shift 键（Mac）并拖动鼠标，以鼠标单击处为中心点开始建立正方形或正圆形选区。

1 选择"矩形选框工具"或"椭圆选框工具"，按住 Shift 键并向目标方向拖动鼠标，即可建立正方形或正圆形选区。

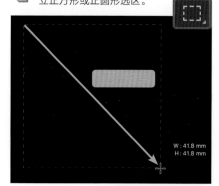

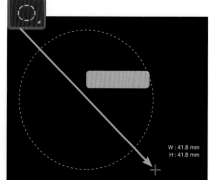

2 按住 Shift 键的同时按下 Alt（Win）/ Option 键（Mac）并拖动鼠标，可以以鼠标单击处为中心建立正方形或正圆形选区。

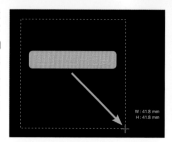

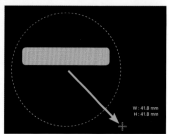

﹝ Point ﹞

CS6之后的各版本，在建立选区时会显示所选范围的宽和高，此处数字为变形值。建立选区时请注意所需的尺寸大小。

Tip

05

如何快速全选图片？

↓

$$[\ \ 使用 \boxed{Ctrl} + \boxed{A}（Win）/ \boxed{⌘} + \boxed{A} 组合键（Mac）\ \ ]$$

全选功能使用频率非常高，因此为提高工作效率，最好能够记住这一功能的快捷键。此外，还可以通过选择菜单的"全部"命令来进行全选。

1 打开图片，然后按 $\boxed{Ctrl}$ + $\boxed{A}$ 组合键（Win）/ $\boxed{⌘}$ + $\boxed{A}$ 键（Mac）。

2 图片整体被选中，成为选区。

15

扫一扫
看视频

如何添加或减去部分选区？

↓

[添加——按住 Shift 键并拖动鼠标
减去——按住 Alt （Win）/
Option 键（Mac）并拖动鼠标]

想要建立形状复杂的选区，选区的添加和减去技巧必不可少。使用快捷键就可以快速完成添加和减去操作。此外，使用选项栏中的按键也可以达到相同效果。

1 使用"矩形选框工具"建立选区。

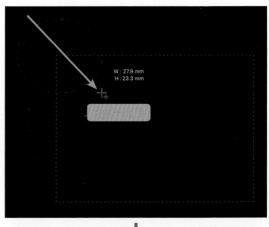

↓

2 共有两种方式进行选区的添加：（1）按住 Shift 键并拖动鼠标；（2）单击工具属性栏中"添加到选区"按钮（如下图标示的红框处）并拖动鼠标。

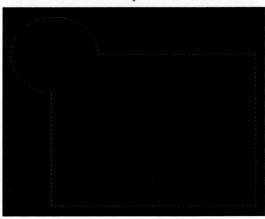

3 同样，也有两种方式进行选区的减去操作：（1）按住 Alt（Win）/ Option 键（Mac）并拖动鼠标；（2）单击工具属性栏中"从选区减去"按钮（如下图标示的红框处）并拖动鼠标。

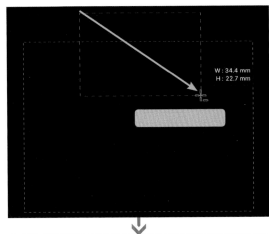

W: 34.4 mm
H: 22.7 mm

4 如需要选择先后建立的两个选区的交叉部分，可在已有一个选区的状态下进行如下操作：（1）按住 Alt 键（Win）/ Option 键（Mac）+ Shift 组合键并拖动鼠标；（2）单击工具属性栏中"与选区交叉"按钮（如下图标示红框处）并拖动鼠标。

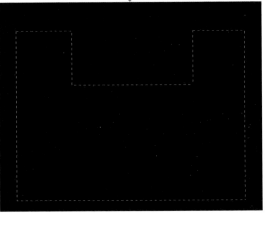

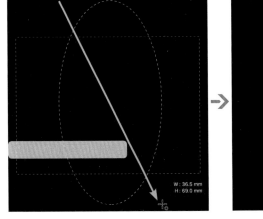

W: 36.5 mm
H: 69.0 mm

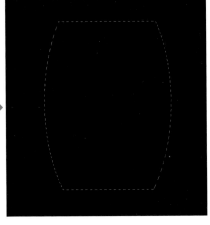

Part 1

Part 2

Part 3

Part 4

Part 5

Part 6

Tip

07

扫一扫
看视频

如何使用快捷键取消及恢复选区？

取消选区：[Ctrl]+[D]（Win）/ [⌘]+[D]组合键（Mac）
恢复选区：[Ctrl]+[Shift]+[D]（Win）/
[⌘]+[Shift]+[D]组合键（Mac）

如需取消选区，推荐使用快捷键[Ctrl]+[D]（Win）/ [⌘]+[D]组合键（Mac）。快捷键操作比用鼠标操作更简单、准确，可以减少时间花费和误操作的概率。当然，如果不小心误操作取消了需要的选区，希望复原选区，则可以使用[Ctrl]+[Shift]+[D]组合键（Win）/ [⌘]+[Shift]+[D]组合键（Mac）进行恢复被取消的选区。

1 在选区建立状态下，按[Ctrl]+[D]（Win）/ [⌘]+[D]组合键（Mac）。

2 选区被取消。

〔 Point 〕

[Ctrl]+[Shift]+[D]（Win）/ [⌘]+[Shift]+[D]组合键（Mac）的功能是恢复上一次选中的选区。若刚进行完取消选区的操作，也可用[Ctrl]+[Z]（Win）/ [⌘]+[Z]组合键（Mac）撤销上一步操作以恢复选区。

Tip

08

如何暂时性隐藏选区的轮廓虚线？

↓

按 Ctrl + H（Win）/
⌘ + H 组合键（Mac）隐藏选区轮廓虚线

在对选区进行编辑后，选区轮廓线可能会影响查看编辑后图片的整体效果。此时可使用 Ctrl + H（Win）/ ⌘ + H 组合键（Mac）暂时性隐藏选区轮廓虚线。再按一次 Ctrl + H（Win）/ ⌘ + H 组合键（Mac）可以使被隐藏的轮廓曲线恢复显示。

1 在选区建立状态下，按 Ctrl + H（Win）/ ⌘ + H 组合键（Mac）。

2 选区轮廓虚线被暂时性隐藏。再按一次 Ctrl + H（Win）/ ⌘ + H 组合键（Mac）可以使被隐藏的轮廓线恢复显示。

Tip 09

如何快速选中目标主体?

↓

使用"对象选择工具"快速选中目标主体

使用"对象选择工具",并将"模式"设置为"套索",能够快速地选中目标主体,节省大量创建和修改、细化选区的时间。

1 在Photoshop智能选择工具组中选择"对象选择工具",并在工具属性栏中设置"模式"为"套索"。

2 在画布上所需选取的主体周围长按并拖曳鼠标左键,绘制选区,"对象选择工具"将自动根据目标主体的轮廓创建选区。

[Point]

"对象选择工具"是在Photoshop 2020版中引入的新选择工具,可以简化在图像中选择单个对象或对象的某个部分的过程。

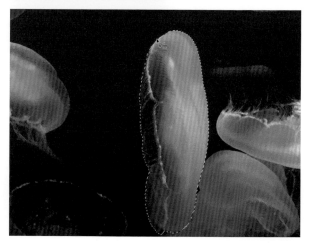

Tip 10

如何仅移动选区轮廓的位置？

↓

选择"矩形选框工具"等选区 工具后拖曳选区即可

如果使用移动工具（V）来移动选区，则在选区位置移动的同时，选区范围内的像素（图像）也会一起移动。想要只移动选区轮廓的位置，不想同时移动选区范围内的像素（图像），可以先选择选区工具，然后直接长按选区内部并拖曳。请注意操作顺序和鼠标长按的位置，以免误操作。

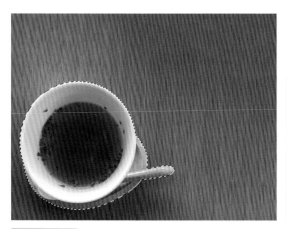

1 图片为选区创建好的状态。选择"矩形选框工具"，将光标移至选区内部，光标会变为如图所示样式。

［ Point ］

如光标未变为如图所示样式，请确认工具属性栏中的"新选区"图标是否为被选中状态。

矩形选框工具

2 在步骤1的状态下拖曳选区，即可移动选区的位置。

［ Point ］

如拖曳时按住Shift键，则能够以45度/ 90度的固定角度移动选区。

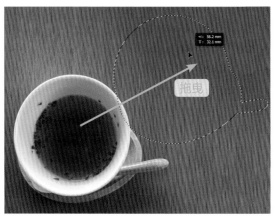

扫一扫
看视频

如何以像素为单位移动选区位置?

↓

在选择"矩形选框工具"等
选区工具后使用方向键

选择"矩形选框工具"等选区工具后使用方向键(上下左右键),每次按能够使选区向相应方向移动1像素。同时使用[Shift]键+方向键(上下左右键),则每次按可以使选区移动10像素。

1　右图中的橘子为被选区选中的状态。此时选择"矩形选框工具"或者其他选区工具。

矩形选框工具

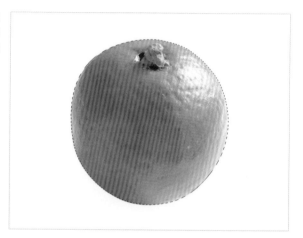

2　在此状态(建立选区+选区工具)下按方向键,能够以每次1像素的长度精准调整选区位置。按住[Shift]键并按右键5次,则选区会向右移动50像素,移动后的选区位置如右图所示。

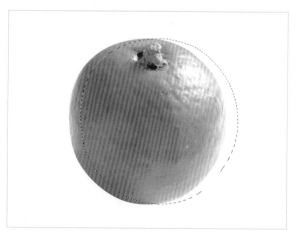

如何将选区以固定数值进行移动?

↓

在"选择"菜单中选择"变换选区"命令
在选项栏中的X和Y处输入具体数字

在"选择"菜单中选择"变换选区"命令,单击工具属性栏中的"使用参考点相关定位"按钮,可以将现在的参考点坐标设定为相对位置(0),并用固定数值来移动选区。在X和Y处输入具体数字,则能够以该数值移动选区。长度单位默认为像素(px),也可以根据需要更改为毫米(mm)或厘米(cm)。

1 建立选区,在"选择"菜单中选择"变换选区"命令。

选择(S) 滤镜(T) 3D(D) 视图(V)

变换选区(T)

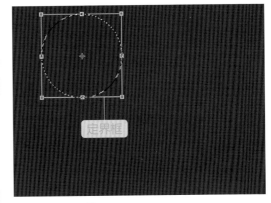

定界框

2 单击工具属性栏中的"使用参考点相关定位"按钮❶,在X❷和Y❸处输入想要移动距离的具体数字。按下Enter键确认输入的数值,再按一次Enter键选区移动至指定位置。

❷ ❶ ❸
X: 530.00 像素 △ Y: 512.00 像素 W: 100.00% ∞ H: 100.00%

[Point]

X和Y的长度单位默认为像素(px),如需更改为毫米(mm)或厘米(cm)等单位,则可在输入框内右击,在弹出的菜单内选择相应单位。

X: 30 毫米 △ Y: 30 毫米

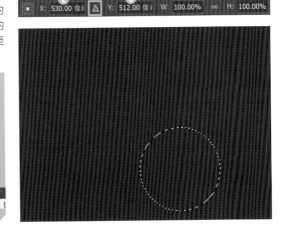

扫一扫
看视频

如何指定固定数值以创建选区?

↓

[将工具属性栏中的"样式"设置为"固定大小"
然后指定宽度、高度数值]

如果想要创建矩形或圆形选区,且事先知道所需要的选区的尺寸大小,使用本方法会非常方便。

1 选择"矩形选框工具"或"椭圆选框工具",确认工具属性栏中的"新选区"图标❶为被选中状态,将工具属性栏中的"样式"❷设置为"固定大小",然后在"宽度"、"高度"数值框中❸输入所需的数值。

(Point)

"宽度"和"高度"的长度单位默认为像素(px),如需更改为毫米(mm)或厘米(cm)等单位,则可在输入框内右击,在弹出的菜单内选择相应单位。

2 按步骤1操作后,在画布上单击的位置处会自动建立指定大小的选区。可以使用Tip10-12的方法将选区移动至所需位置。

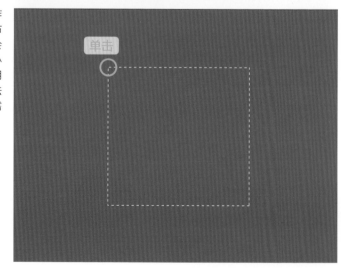

14

如何创建固定宽高比的选区？

↓

[将工具属性栏中的"样式"设置为"固定比例" 然后指定"宽度"、"高度"数值]

希望建立某特定宽高比的选区时，使用本方法可以创建正确比例的选区。

1 选择"矩形选框工具"，确定"新选区"按钮被激活状态❶，将工具属性栏中的"样式"设置为"固定比例"❷，然后在"宽度"❸、"高度"❹数值框中输入所需的数值。

❷ ❸ ❹

样式: 固定比例 ∨　宽度: 4　⇄　高度: 3

2 在画面中拖动光标，即可建立指定宽高比的选区。可以使用Tip10-12的方法将选区移动至所需位置。

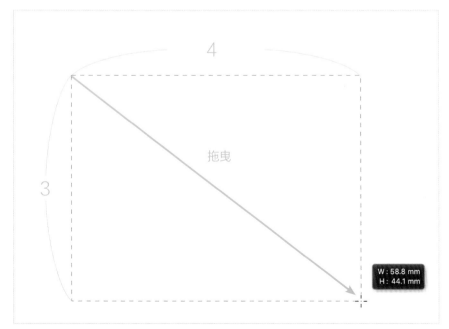

4

拖曳

3

W: 58.8 mm
H: 44.1 mm

Tip 15

如何互换"宽度"和"高度"的数值以创建选区?

↓

单击工具属性栏中的
"高度和宽度互换"按钮

将属性栏中的"样式"设置为"固定比例",然后输入所需的宽度、高度数值之后,单击工具属性栏中的"高度和宽度互换"按钮,创建宽高比与最初设定的比例进行互换。

1 选择"矩形选框工具",确定"新选区"按钮被激活状态❶,将选项栏中的"样式"设置为"固定比例"❷,然后在宽度❸、高度❹数值框中输入所需的数值。图中暂且将该比例设置为4:3(宽:高)。

2 单击选项栏中的"高度和宽度互换"按钮❺,交换"宽度"、"高度"处的数字。

3 在画面中拖动光标,即可创建宽高比与最初设定时相反的选区,即3:4(宽:高)。

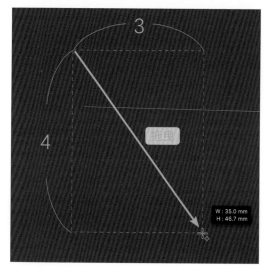

(Point)

选项栏中的"样式"设置为"固定大小"时,也可以使用"高度和宽度互换"按钮,交换"宽度"和"高度"的数值。

如何快速拷贝所选区域的图像？

选择"移动工具"（V），按住 Alt（Win）/ Option 键（Mac）并拖动选区

选择"移动工具"后按住 Alt（Win）/ Option 键（Mac）并移动，光标会变为如图所示的样子。保持该状态拖动选区，能够快速拷贝选区至所需位置。

1. 选中希望拷贝的图像部分，选中"移动工具"后按住 Alt 键（Win）/ Option 键（Mac），光标会变为如图所示的样子。

移动工具

2. 保持该状态并拖动选区，就能够快速拷贝选区内像素至所需位置。下图为选中示例选区后，同时按住 Alt+Shift（Win）/ Option+Shift 组合键（Mac）向垂直方向拖曳拷贝后的效果。

(Point)

使用选区工具时按 Ctrl（Win）/ ⌘ 键（Mac）能快速暂时切换至移动工具，此时按住 Alt（Win）/ Option 键（Mac）并拖动鼠标则可以便捷地拷贝选区，无须调换工具。

上述方法中，拷贝的选区与原选区处于同一图层。如果希望将选区中像素拷贝到其他图层，可以按 Ctrl+J（Win）/ ⌘+J 组合键（Mac）。此为"图层"菜单中的"新建>通过拷贝的图层"的快捷键，能快速建立新的图层，并拷贝选区像素到与原图层选区相同的位置（详见Tip52）。然后再使用移动工具调整位置即可。

扫一扫
看视频

如何快速反转选区范围?

↓

使用反选快捷键 Ctrl + Shift + I（Win）/ ⌘ + Shift + I（Mac）

Ctrl + Shift + I（Win）/ ⌘ + Shift + I 组合键（Mac）为"选择"菜单中"反选"的快捷键。使用该功能可以便捷地进行背景删除、背景的颜色调整等操作。

1 确保目标主体为被选区选中状态。

2 使用快捷键 Ctrl + Shift + I（Win）/ ⌘ + X Shift + I（Mac），则能够将选区从目标主体反转至背景部分。再按一次 Ctrl + Shift + I 键（Win）/ ⌘ + Shift + I 组合键（Mac），可以返回原选区。

扫一扫
看视频

如何扩大、缩小选区？

↓

在"选择"菜单中选择"变换选区"命令
拖曳定界框上的控制点以调整选区大小

将定界框四个角上的控制点向外拖曳则选区扩展，向内拖曳则选区收缩。

1 创建选区后，在"选择"菜单中选择"变换选区"命令。选区外侧会出现矩形定界框（如图中❶所示），包含8个控制点（如图中❷所示）

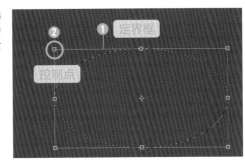

2 将光标移动至控制点上方，则光标变为双向箭头形状。此状态下向外侧拖曳则选区扩展，向内侧拖曳则选区收缩。按住[Shift]键拖曳，可以任意进行选区的扩展/收缩。按回车键[Enter]（Win）/ [Return]（mac）外侧定界框及控制点消失，选区形状（大小）调整完毕。

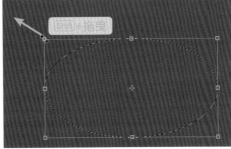

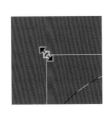

如何将选区扩大、缩小指定像素值？

↓

在"选择"菜单的"修改"子菜单中选择"扩展"或"收缩"命令

在Photoshop中，可以以选区形状为基准进行指定像素数值的大小调整，使选区扩展或收缩。在想要选定部分图像内容建立选区时，使用该操作可以进行1−2像素的微调去除选区中不需要的部分，使最终得到的结果更加精准。

1 使用"快速选择工具"等选区工具建立选区，为防止选区边缘有图形以外的内容，可以使用选区精准调整功能来收缩选区。

2 在"选择"菜单中选择"修改>收缩"命令。（扩大范围则选择"扩展"命令）

3 弹出"收缩选区"对话框。在"收缩量"数值框中输入所需数值，单击"确定"按钮（同样，扩展选区时在"扩展选区"对话框中的"扩展量"数值框中输入所需数值即可）。

4 选区缩小指定像素。

"扩大选取"和"扩展"二者的区别是?

▼

"扩大选取"功能是扩大包含相似颜色的范围
"变换选区"+"扩展"功能是将选区扩展指定像素值

"扩大选取"功能

本功能主要用于扩展用"魔棒工具"建立的选区,添加与已有选区内像素颜色相似的图像部分。该功能能够以"魔棒工具"中指定的容差为基准,自动扩展与现有选区内图像颜色相近的部分。

1 选择"魔棒工具",在属性栏中设置"容差"为100。

容差: 100

2 先使用魔棒工具创建选区,然后在"选择"菜单中选择"扩大选取"命令即可扩大选区范围。

选择(S) 滤镜(T) 3D(D) 视图(V) 窗口(W)

扩大选取(G)

3 再次选择"扩大选取"命令,可以进一步扩选与现有选区内图像颜色相近的部分。

"扩展"功能

本功能能够将选区扩展指定像素数值（范围：1–100像素）（见Tip19）。主要用于现有选区小于所需图像内容，或想要建立比所需图像内容稍大的选区时。

1 使用"快速选择工具"建立选区，从"选择"菜单中选择"修改>扩展"命令。

选择(S)	滤镜(T)	3D(D)	视图(V)	窗口(W)	帮助(H
全部(A)		Ctrl+A			
取消选择(D)		Ctrl+D			
重新选择(E)		Shift+Ctrl+D			
反选(I)		Shift+Ctrl+I			
所有图层(L)		Alt+Ctrl+A			
取消选择图层(S)					
查找图层		Alt+Shift+Ctrl+F			
隔离图层					
色彩范围(C)...					
焦点区域(U)...					
主体					
选择并遮住(K)...		Alt+Ctrl+R			
修改(M)	▶		边界(B)...		
扩大选取(G)			平滑(S)...		
选取相似(R)			扩展(E)...		

2 弹出"扩展选区"对话框，在"扩展量"数值框中输入所需数值，单击"确定"按钮。

扩展选区 ✕

扩展量(E)：20 像素 （确定）

☐ 应用画布边界的效果 （取消）

3 选区向外扩展指定的像素数。本操作能够建立比所需图像内容稍大的选区，适用于希望羽化选区边缘的情况（见Tip24）。

Tip 21

如何变换选区?

↓

在"选择"菜单中选择"变换选区"命令
拖曳定界框的控制点

拖曳定界框上的控制点,能够进行扩大、缩小或旋转等变换选区的操作。同时使用控制点和快捷键,还能够将选区变换为菱形或梯形等。扩大/缩小的操作可参考Tip18。

1 创建选区,在"选择"菜单中选择"变换选区"命令,选区会被定界框❶包围,定界框上共有8个控制点❷。

选择(S)	滤镜(T)	3D(D)	视图(V)	窗口(W)

变换选区(T)

2 想要进行旋转操作,只需将光标移到控制点附近❸,变为弯曲箭头形状后保持该状态进行拖曳即可。按住[Shift]键并拖曳,能够以15°为单位进行旋转。

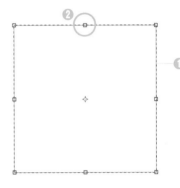

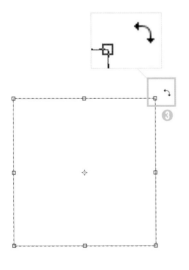

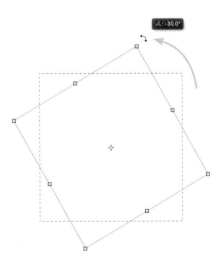

③ 按 Ctrl 键（Win）/ ⌘ 键（Mac）并拖曳，则只有拖曳操作的控制点所在的边会发生变形，能够更灵活地调整图形。

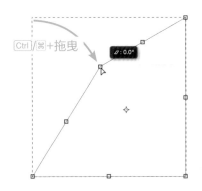

④ 同时按 Ctrl + Alt （Win）/ ⌘ + Option 组合键（Mac）并拖曳，处于相对位置的两个控制点会同时移动，矩形选区变换为菱形。

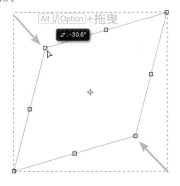

⑤ 同时按 Ctrl + Alt + Shift （Win）/ ⌘ + Option + Shift 组合键（Mac）并拖曳，能够使矩形选区变为梯形。

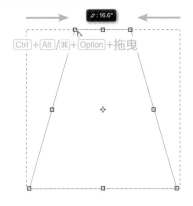

⑥ 按回车键 Enter （Win）/ Return （mac）外侧定界框及控制点消失，选区形状调整完成。
❶旋转选区
❷自由变换选区
❸使选区变形为菱形
❹使选区变形为梯形

❶

❷
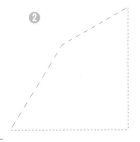

❸

❹
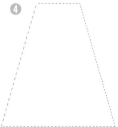

Tip 22

如何改变选区边界的宽度？

↓

在"选择"菜单中选择"修改>边界"命令，然后输入宽度的数值

使用修改选区边界的功能，能够改变围绕所选对象选区边界的宽度，并处理边框部分以创造效果。

1　创建选区，选中所需图片部分，在"选择"菜单中选择"修改>边界"命令，在弹出的"边界选区"对话框中输入所需的"宽度"数值，单击"确定"按钮。

选择(S)	滤镜(T)	3D(D)	视图(V)	窗口(W)
修改(M)		▶	边界(B)...	

边界选区 ✕

宽度(W): 10　像素

确定　取消

2　选区边界宽度拓展至指定数值。

3　选择"编辑"菜单中的"填充"命令，调出"填充"对话框，"内容"选择"黑色"后单击"确定"按钮，则选区边界变为有一定宽度的黑色边框。

Tip
23

如何让有棱角的选区边缘变得平滑?

↓

在"选择"菜单中选择"修改>平滑"命令

使用"套索工具"或"多边形套索工具"创建的选区常有明显棱角,通过本操作可以让棱角变得平滑。

1 使用"多边形套索工具"创建选区。

2 在"选择"菜单中选择"修改>平滑"命令,在"平滑选区"对话框中输入所需的"取样半径"数值,并单击"确定"按钮。

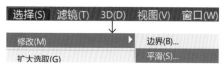

平滑选区   ×

取样半径(S): 20   像素   确定

☐ 应用画布边界的效果   取消

3 选区的棱角以指定数值变得平滑。

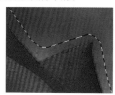

Tip

24

扫一扫
看视频

如何确认选区羽化处理后的效果？

⬇

切换至快速蒙版模式即可确认

在标准模式（图像编辑模式）下无法预览选区的羽化效果。如果想要查看效果，可以暂时切换至快速蒙版模式。快速蒙版的相关知识将在《Part5选区与蒙版的技巧》中进行说明。

1 使用"椭圆选框工具"建立选区。

2 按 Shift + F6 组合键或在"选择"菜单中选择"修改>羽化"命令，在弹出的"羽化选区"对话框中输入所需的"羽化半径"数值，并单击"确定"按钮。

[**Point**]

在合成图片时，羽化能够使成品的效果看起来更自然，是非常高频的操作。因此最好能够记住对应快捷键：Shift + 6。

3 选区边缘以指定数值被羽化。但是在目前状态（标准模式）下无法预览羽化效果。

4 单击工具栏下方的"以快
速蒙版模式编辑"图标

[Point]

使用 Q 键可以快捷地在"快速蒙版模式"和
"标准模式"之间切换,一定要记住这个快捷
键哦。

5 切换至"快速蒙版模式"
后,选区之外的部分会变
为半透明的红色蒙版,可以确
认羽化情况。再次单击同一图
标(还是相同位置,不过进入
快速蒙版模式后图标名称变为
"以标准模式编辑")可以恢复
图片原始状态。

6 在标准模式下使用 Ctrl +
J(Win)/ ⌘ + J 组合
键(Mac)将选区拷贝到新图
层,隐藏背景图层,则能更直
接了解选区的羽化状态。

[Point]

当选择的区域较小,而设定的羽化值过大时,软件
会弹出提示对话框显示"任何像素都不大于50%选
择。选区边将不可见"。此时可以减小"羽化半径"
数值框中输入的数值。

Adobe Photoshop CC 2018

⚠ 警告:任何像素都不大于 50% 选择。选区边将不可
见。

确定

基于形状
应用的选区技巧

Tip

25

基于形状应用的选区工具都有哪些？
如何区别并选用？

不同的工具适合不同的选取目标

除最基本的"矩形选框工具"、"椭圆选框工具"外，能够基于选取对象形状进行选择的，还有"套索工具"、"多边形套索工具"、"磁性套索工具"、"钢笔工具"和"自由钢笔工具"等。有些图像目标主体与背景之间对比较强烈，有些图像目标主体边缘直线较多，还有些由直线和曲线构成的图像且目标主体边缘非常清晰。针对不同的图像目标主体，可以使用不同的选区工具来达到最佳效果。

目标主体与背景之间对比较强烈时

当图像中的目标主体与背景之间对比较强烈时，可以使用"磁性套索工具"或"自由钢笔工具"进行初步选取，然后使用"套索工具"进行细节部分的修改。使用"磁性套索工具"沿图像目标主体边缘拖动时，锚点会自动贴合图像中选取区域的边缘，也可以手动进行调整。

使用"磁性套索工具"，能够快速选取边缘非常不规则的目标区域。

另外，在"自由钢笔工具"的属性栏中勾选"磁性的"复选框，则与使用"磁性套索工具"时一样，沿图像目标主体边缘拖动时，锚点会自动贴合（也可手动进行调整）图像中选取区域的边缘。创建的路径可以在"路径"面板中转换为选区（见Tip32）。

钢笔工具　　　P
自由钢笔工具　P

磁性的

目标主体边缘直线较多时

当图像中的目标主体边缘直线较多时，可以使用"多边形套索工具"进行选择。使用该工具时单击的点之间会以直线连接以创建选区。"多边形套索工具"对于绘制选区边框的直边线段十分有用，适合选取如楼宇、工业产品等目标主体。

目标主体由直线与曲线构成形状清晰时

选择由直线与曲线构成且形状清晰的目标主体，可以使用"钢笔工具"。使用"钢笔工具"创建的路径可以在"路径"面板中转换为选区。路径操作方便调整修改、可以创建高精度的选区。

在"路径"面板中可以将路径转换为选区（见Tip32）。

Part 1
Part 2
Part 3
Part 4
Part 5
Part 6

使用"套索工具"时不小心松开鼠标怎么办？
不怕误操作的小技巧！

↓

按住 Alt（Win）/ Option（Mac）键
并使用鼠标选择所需范围

此状态下即使不小心松开鼠标导致操作中断，选区首尾也不会自动闭合。

使用"套索工具"时，如在线条未闭合时松开鼠标左键，则选区首尾会自动闭合。不过，如果按住 Alt（Win）/ Option（Mac）键并使用鼠标选择所需范围，即使不小心松开鼠标，选区首尾也不会自动闭合，而是暂时切换为"多边形套索工具"。

1 　"套索工具"适合用于制作不规则选区。在工具属性栏中单击"新选区"按钮后，按住鼠标左键沿着主体边缘拖动，就会生成没有锚点的线条。使用"套索工具"时，如在线条未闭合时松开左键，则选区首尾会自动闭合。

 套索工具

起点

松开左键的位置

2 　按住 Alt（Win）/ Option（Mac）键并使用鼠标选择所需范围，此状态下即使不小心松开鼠标导致操作中断，选区首尾也不会自动闭合，而是暂时切换为"多边形套索工具"。如继续按住鼠标左键拖动，则又会恢复"套索工具"状态，可以继续创建选区。

按住 Alt / Option 键并用左键拖曳

3 松开左键时，光标会变为"多边形套索工具"形状，但此时选区首尾不会闭合。从操作中断的地方重新开始拖动鼠标，可以继续使用"套索工具"创建选区。
按住 Alt（Win）/ Option（Mac）键并使用鼠标操作。

按住 Alt / Option 键时鼠标的状态

4 完成所需范围的选取后，松开 Alt（Win）/ Option（Mac）键及鼠标左键创建选区。使用"套索工具"创建选区时按住 Alt（Win）/ Option（Mac）键，就不会再出现中途操作失误，导致需要重新开始的情况了。

(Point)

使用"多边形套索工具"时按住 Alt（Win）/ Option（Mac）键拖动时，也能暂时切换为"套索工具"。

使用"磁性套索工具"时，锚点偏离目标主体边缘怎么办？

[使用 Del 键删除多余锚点吧]

如果使用"磁性套索工具"时光标的移动幅度过大，则锚点很有可能偏离目标主体边缘。此时可以使用 Del 键删除多余的锚点进行修正。

1 选择"磁性套索工具"后在工具属性栏中单击"新选区"按钮后，沿着要跟踪的目标主体边缘移动鼠标，锚点将被自动添加到选区边框上。如果操作时光标的移动幅度过大，则锚点很有可能偏离目标主体边缘。

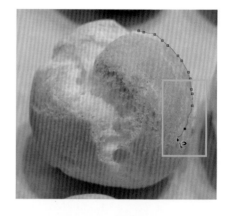

2 此时可以使用 Del 键删除多余的锚点进行修正。删除的锚点消失后可以重新开始移动光标。

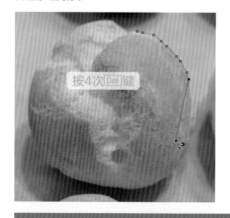

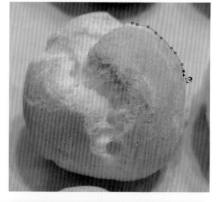

(Point)

使用"多边形套索工具"时也可以用 Del 键删除单击过的点。

Tip

28

使用"磁性套索工具"时，锚点与目标主体贴合情况不好怎么办？

↓

尝试调整工具属性栏中的"宽度"和"对比度"

使用磁性套索工具时，会发现其工具属性栏中的"宽度"和"对比度"等参数可以进行设置，这几个参数会对自动识别目标主体边缘的准确度有一定影响。可以根据目标主体与背景之间分离的清晰度调整这两项参数数值。

1　"磁性套索工具"工具属性栏中的"宽度" ❶数值框中可输入0-40之间的数值。对于某一给定的数值，"磁性套索工具"将以当前用户光标所处的点为中心，以此数值为宽度范围，在此范围内寻找对比强烈的边界点作为锚点；"对比度" ❷控制了"磁性套索工具"选取图像时边缘的反差，可以输入0-100%之间的数值，输入的数值越高则"磁性套索工具"对图像边缘的反差越大，选取的范围也就越准确。

当图像中的目标主体边缘清晰时，可以将"宽度"和"对比度"设置为较大数值后沿目标图像主体边缘拖动，锚点会均匀地分布在目标主体外侧。

❶	❷	
宽度：10 像素	对比度：10%	频率：57

2　当图像中的目标主体边缘较模糊时，可以将"宽度"和"对比度"设置为较小数值。想要进一步提高选择准确度，还可以在图片上单击相应位置以放置锚点。

宽度：5 像素	对比度：5%	频率：57

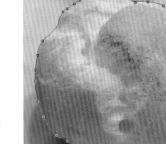

〔 Point 〕

"磁性套索工具"更适合选取与背景颜色有一定差别，且边缘清晰的目标主体。

Tip

29

扫一扫
看视频

如何调整"磁性套索工具"锚点的密度?

⬇

调整工具属性栏中"频率"的数值

通过在"磁性套索工具"属性栏中的"频率"数值框中输入数值,能够调整创建锚点的频率(频率越大,创建锚点的速度越快)。

1 在"磁性套索工具"的工具属性栏中的"频率"数值框中,先输入57并沿目标主体边缘拖动,效果如图所示。

2 "频率"的数值越高,创建锚点的速度越快,密度也越高。密度高的锚点能够提升选择精确度,但同时也会使修改等工作变得更烦琐。

频率: 57

频率: 100

3 通过设置"磁性套索工具"工具属性栏中的"宽度"、"对比度"(见Tip28)和"频率"的数值,可以准确地创建所需选区。很多情况下,一个目标主体的边缘可能同时有清晰的部分和模糊的部分,可以一边修改设定数值一边进行尝试,争取达到更好效果。

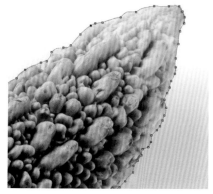

宽度: 10 像素   对比度: 60%   频率: 70

Tip

30

如何将选区转换为路径？

↓

单击"路径"面板上的
"从选区生成工作路径"按钮即可

使用"路径"面板，就能简单地将选区转换为路径。

1 创建选区后，单击"路径"面板上的"从选区生成工作路径"按钮❶。

2 工作路径为工作过程中暂时性使用的路径，无法保存且一个文件中只存在一个。所以一定要将工作路径转化为形状路径后再操作。具体方法是双击"路径"面板的"工作路径"❷，并单击对话框中的"确定"按钮。

3 这样"路径1"就保存在路径面板上了。

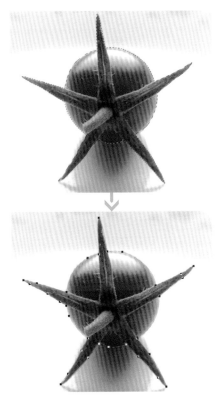

[Point]

要创建并命名路径，请确保没有选择工作路径。从"路径"面板菜单中选取"新建路径"命令，或按住 Alt（Win）/ Option 键（Mac）并单击面板底部的"新建路径"按钮。在"新路径"对话框中输入路径的名称，并单击"确定"按钮。

将选区转换为路径后，锚点的数量过多怎么办？

↓

建立工作路径后，
将弹出的对话框中的"容差"数值调大

想要调整路径上的锚点数量，只需调出"建立工作路径"的对话框，并将对话框中的"容差"数值调大。

1 创建选区，按住 Alt（Win）/ Option 键（Mac）并单击"路径"面板上的"从选区生成工作路径"按钮❶；或者直接选择"路径"面板菜单上的"建立工作路径"命令。

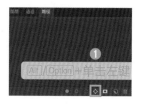

2 弹出"建立工作路径"的对话框。其中"容差"代表将选区转换为路径时的平滑程度，可以设定的数值为0.5-10像素之间。容差越小，建立的工作路径上的锚点数量越多，路径就越接近原本的选区。

3 容差越大，建立的工作路径上的锚点数量越少，同时建立的工作路径与原有选区相比精确度也有所下降。将容差设定为10像素时，工作路径可能会稍微偏离原有选区的轮廓边缘。

4 容差的默认数值为2像素，如果建立的工作路径效果不理想，可以尝试在此基础上调整1-2像素。

[Point]

调整容差后，再单击"从选区生成工作路径"按钮时也会使用同一容差值。

如何快速将路径转换为选区？

↓

按住 Ctrl（Win）/ ⌘键（Mac）
并单击"路径"面板上的缩略图

将路径变换为选区及将选区变换为路径的操作都很常用，推荐熟练记忆并掌握。

1 使用钢笔工具建立路径，然后按住 Ctrl（Win）/ ⌘键（Mac）并单击"路径"面板上"工作路径"的缩略图标。

2 路径变换为选区。

(Point)

选择"路径"面板上的路径（工作路径）后❶，也可以通过单击"将路径作为选区载入"按钮❷，将路径变换为选区。

Tip

33

如何在将路径变换为选区时，羽化该选区边缘？

↓

调出"建立选区"的对话框，进行羽化设置

将路径转换为选区时，按Alt（Win）/ Option 键（Mac）可以调出"建立选区"的对话框，可以直接进行选区的羽化设置，非常方便

1 建立路径，选择"路径"面板上的路径（工作路径）后，按Alt（Win）/ Option 键（Mac）键并单击"将路径作为选区载入"按钮。也可以在路径面板菜单中选择"建立选区"命令。

2 在弹出的"建立选区"对话框上，输入所需的羽化半径数值，然后单击"确认"按钮。

3 这样选区在建立时边缘即为羽化状态。想要确认羽化效果，可以参考Tip24，按 Q 键从普通模式切换至快速蒙版模式。

（ Point ）

在"建立选区"的对话框中设置羽化半径后，该羽化数值将会同样应用在下一次的"将路径作为选区载入"操作中。如果不希望羽化选区，记得在下一次操作时将该数值调整为0。

Tip

34

如何调整选区的虚线轮廓？

↓

[选择"选择"菜单中"变换选区"命令，使用网格和锚点对选区进行变形操作]

切换至变形模式，可以非常方便地调整选区的虚线轮廓。这种模式通常用于选区的微调。

1 选区上方的虚线轮廓偏离目标图像主体，需要调整。

2 选择"选择"菜单中"变换选区"命令，调出定界框❶；也可以使用快捷键，按 Ctrl+T（Win）/⌘+T（Mac）组合键。

3 然后单击选项栏中的"在自由变换和变形模式之间切换"按钮❷即可切换为变形模式。

4 定界框变为网格状。此时可以拖动定界框周围的控制点③和手柄④，以及定界框内部的网格线⑤，调整选区虚线边框至所需形状。

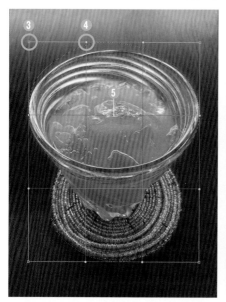

5 按 Enter（Win）/ Return 键（Mac）；或再次单击属性栏中的"在自由变换和变形模式之间切换"按钮②，确认修改。

6 经过调整，选区的虚线轮廓更加贴合目标主体。

如何将椭圆形选区准确建立在所需位置？

↓

在椭圆形目标主体旁建立标尺参考线，
然后拖动创建选区

使用"椭圆选框工具"创建选区时，常因难以确认光标起始点而无法准确地在所需位置创建选区。使用标尺，能够提前判断拖动选区时的起点和终点，只需拖动一次就可以精准地在所需位置创建椭圆形选区。

1　当使用"椭圆选框工具"创建选区，想要选中椭圆形目标主体时，常因难以确认光标起始点而无法精准地建立选区。即使尝试多次也很难成功，如图所示。

2　按 Ctrl + R （Win）/ ⌘ + R（Mac）组合键，画面的上方和左侧会出现标尺。也可以通过"视图"菜单调出标尺。

3　单击标尺的刻度内任意位置并向画布中拖动，会出现一条参考线。具体来说：从上方的标尺向下拖动，可以在椭圆形的上方边缘处生成一条参考线。

向下拖曳

4 同样，从左侧的标尺向右拖动，可以在椭圆形的右侧边缘处生成一条参考线。用这个方法，可以在椭圆形目标主体的四个顶点处建立参考线。

5 在"视图"菜单的"对齐到"子菜单中选择"参考线"选项，这样拖动鼠标时，光标会自动吸附在参考线上，能够准确地从起点拖动到终点。

视图(V) 窗口(W) 帮助(H)
↓
✓ 对齐(N)   Shift+Ctrl+;
对齐到(T)   ▶ ✓ 参考线(G)

6 使用"椭圆选框工具"从参考线左上方的交叉点处，沿对角线拖动至右下角的交叉点处，就可以比较精准地围绕目标图像主体建立椭圆形选区。

拖曳起始点
拖曳终点

7 如果想要对椭圆选区边框进行微调，可以切换到变形模式进行调整（见Tip34）。

〔 Point 〕

如果无须继续使用参考线，可以在"视图"菜单中选择"清除参考线"命令。

3

基于颜色应用
的选区技巧

36

基于颜色应用的选区工具都有哪些？
如何区别并选用它们？

↓

[根据不同情况，选择使用"快速选择工具"、 "魔棒工具"和"色彩范围"功能等]

基于颜色而应用的选区工具，包括"快速选择工具"、"魔棒工具"和"色彩范围"功能等。

目标主体与背景间颜色差距较大时

目标主体与背景之间颜色差距较大时，可以使用"快速选择工具"。利用可调整的圆形画笔笔尖快速"绘制"选区。拖动鼠标时，选区会向外扩展并自动查找和跟随图像目标主体的边缘。

快速选择工具

即使目标主体内有多个颜色（咖啡、勺子、杯子），只要它们与背景之间颜色差距都较大就能正确创建选区，如图所示

目标主体为单一颜色时

当目标主体为单一颜色时，可以使用"魔棒工具"。在希望选择的目标主体处单击鼠标，"魔棒工具"会自动选中该颜色的主体。

需要注意的是，如果在单一颜色或色系中混杂了少量其他颜色，则"魔棒工具"很难一次性同时选中这不同颜色的部分。

想要选中单一颜色但较为分散的目标主体时

想要选中单一颜色但较为分散的目标主体时，可以使用"选择"菜单中的"色彩范围"功能。在"色彩范围"对话框中设定所需取样颜色和相关数值，就可以自动选取这些分散但颜色一致的部分了。

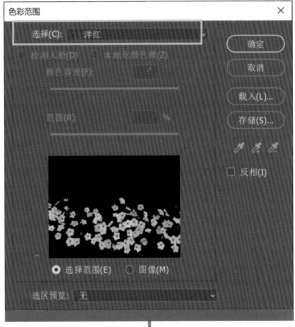

选择"选择"菜单中的"色彩范围"命令，在弹出的对话框中设置"选择（C）"为"洋红"，即可选择图片中分散的该颜色目标主体。

Part 3

Tip
37

扫一扫
看视频

使用"快速选择工具"时，
不小心选中了目标主体外的部分怎么办？

↓

按住 Alt（Win）/ Option 键（Mac）
并在不需要的位置拖动鼠标，减去部分选区

使用"快速选择工具"时，不小心选中目标主体外的部分时，可以按住 Alt（Win）/
Option 键（Mac）并在不需要的位置拖动鼠标，减去部分选区。

1 使用"快速选择工具"时，有时会因为操作失误、目标主体与背景颜色比较相近等，不
小心选中目标主体外的部分。

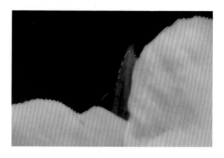

2 此时可以按住 Alt（Win）/ Option 键（Mac），使光标变为减号状态，然后在不需要的位置
拖动鼠标，减去部分选区。

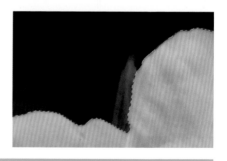

[Point]

按住 Alt（Win）/ Option 键（Mac），相当于选
择了工具属性栏中的"从选区减去"功能。
"快速选择工具"的选择范围受笔刷设置和拖动
方式的影响，具体见Tip38。

Tip

38

扫一扫
看视频

如何使用快速选择工具，准确又快速地创建选区？

↓

[使用小画笔从目标主体的中心向四周拖动鼠标]

使用快速选择工具时，画笔的大小可以自由设定。如果画笔设置偏大，则容易误选目标主体外的部分❶；而将画笔数值调小，虽然所需的操作次数变多，却不容易误操作，能够节省反复修改的时间，快速建立选区。

1 使用数值较大的画笔操作时，容易误选到目标主体（颜色）外的部分。

2 单击工具属性栏的中的下拉按钮 "v" 调出画笔的设置面板❷，将 "大小"❸数值调小，"硬度"❹设置为100%，这样建立的选区边缘比较清晰。

3 使用小画笔从目标主体的中心向四周拖动鼠标，在快要到目标主体边缘时停止拖动，就可以建立完美漂亮的选区了。

拖曳

[Point]

使用快捷键也可以调整画笔大小，键盘上的左方括号键 "[" 是缩小画笔直径，右方括号键 "]" 是放大画笔直径。需要切换到英文输入法才可以使用以上快捷键。

Tip

39

扫一扫
看视频

使用"快速选择工具"时，
如何让创建的选区边缘更清晰？

↓

[勾选"快速选择工具"属性栏中的"自动增强"
复选框，可以让选区边缘更平滑清晰]

"自动增强"功能可以减少选区边界的粗糙度和块效应，勾选该复选框能够使创建的选区边缘更平滑。一般情况下使用该功能效果会更好，但有时不使用该功能可以保留图形边缘处的颜色，效果更加自然。

1 勾选工具属性栏中的"自动增强"复选框，可以让选区边缘更平滑清晰。

Part 1

Part 2

Part 3

Part 4

Part 5

Part 6

2 取消勾选该复选框，则选区边缘变得凹凸不平、相对粗糙。

3 对一些目标主体来说，不使用"自动增强"功能可以保留图形边缘处的颜色，效果更加自然。

[Point]

如果想要处理图形边缘处的锯齿，可以在"选择"菜单中选择"选择并遮住"命令，在弹出的工作区内进行处理。使用"选择并遮住"功能可以精确地调整需要进行边缘调整的边框区域（见Part6）。

扫一扫
看视频

背景部分为单一颜色时，如何快速选取目标主体？

↓

[先选择背景部分，然后按 Shift + Ctrl + I
（Win）/ Shift + ⌘ + I（Mac）组合键进行反选]

当目标主体的背景部分为单一颜色时，可以先选中背景部分，然后再使用反选功能。这样操作比直接在目标主体处创建选区更为方便快捷。

1 目标主体的背景部分天空颜色统一，可以使用快速选择工具或魔棒工具选中，如图所示。

 快速选择工具

 魔棒工具

2 然后按 Shift + Ctrl + I（Win）/ Shift + ⌘ + I（Mac）组合键反选，就可以选中目标主体了（比如该图片中的建筑）。

(Point)

以上组合键操作是"选择"菜单中"反选"功能的快捷键。

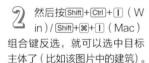

选择(S) 滤镜(T) 3D(D) 视图
全部(A)   Ctrl+A
取消选择(D)   Ctrl+D
重新选择(E)   Shift+Ctrl+D
反选(I)   Shift+Ctrl+I

Tip
41

扫一扫
看视频

使用"魔棒工具"时，
无法完全选中整个目标主体怎么办？

⬇

[按住 Shift 键，并在仍未被选中的位置重复单击]

使用魔棒工具，无法完全选中目标主体时，按住 Shift 键，单击未被选中的颜色部分。

1 　使用"魔棒工具"在花瓣处单击，尝试创
建选区。然而由于花朵中存在不同色调，
因此无法一次性选中整个花朵。

2 　按住 Shift 键，相当于选择了工具属性栏中
的"添加到选区"功能。此时光标处会出
现"+"符号，保持该状态单击未选中的颜色部
分，直到选中整个花朵。

3 　但是，如果目标主体中的色调比较复杂，
只用"魔棒工具"可能会花费较长时间。
此时可以切换至"套索工具"或"多边形套索
工具"，将剩余部分添加到选区中。

(Point)

切换至"多边形套索工具"后，按住 Shift 键的
功能变为了固定线段角度，而非"添加到选
区"。因此切换之后，记得先单击属性栏上的
"添加到选区"按钮。

Tip

42

使用"魔棒工具"时，
不小心选中目标主体之外的部分怎么办？

↓

[按住Alt（Win）/Option键（Mac），
并单击被误选的部分]

选中目标主体之外的部分，按住Alt（Win）/Option键（Mac）键，单击被误选的颜色部分即可。

1 使用"魔棒工具"建立选区时，与目标主体颜色差距较小的部分可能会被误选。

2 按住Alt（Win）/Option键（Mac），相当于选择了属性栏中的"从选区减去"功能。此时光标处会出现"-"符号，保持该状态并单击误选的部分，删减到只留下需要的部分为止。

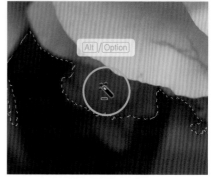

3 同样，如果目标主体外的色调比较复杂，只用"魔棒工具"可能会花费较长时间。此时可以切换至"套索工具"或"多边形套索工具"，删减误选的部分。

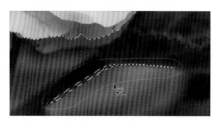

4 成功地从选区减去误选的部分。

43

如何扩大"魔棒工具"的选择范围？

↓

将工具属性栏中的"容差"数值调大

"魔棒工具"的属性栏中的"容差"代表着所选像素的色彩范围。以像素为单位输入一个值，范围介于0到255之间。如果数值较低，则会选择图像中与单击处像素非常相似的少数几种颜色。如果值较高，则会选择范围更广的颜色。

1 "容差"值为32时，单击背景处的天空部分，无法一次性完整地选中。

2 将"容差"值调整为70后再单击，一次就完整地选中了天空部分。

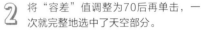

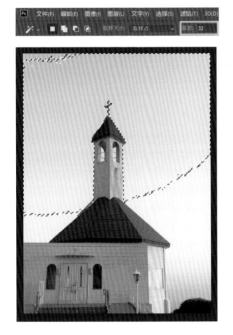

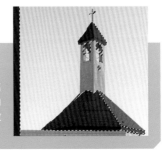

[Point]

"容差"值越高，一次单击所选择的颜色范围越广。数值过高可能导致误选所需颜色之外的部分。为"容差"值150时的效果如图所示。容差大小对使用"魔棒工具"建立选区的效果影响很大，要注意根据情况进行合理地调整。

Part 1
Part 2
Part 3
Part 4
Part 5
Part 6

如何用"魔棒工具"
一次性选取图片中所有相同颜色的部分?

取消勾选工具属性栏中的"连续"复选框

"连续"复选框处于被勾选状态时,用"魔棒工具"单击只会选择邻近的相同颜色区域。取消勾选该复选框后,单击会选择整个图像中所有颜色相同的像素。

1 "连续"复选框处于被勾选状态时,单击紫色的小花,只有临近且连续的紫色小花部分被选中。

2 取消勾选"连续"复选框后,单击同一位置,整个图像中的紫色小花部分都被选中。

[Point]

创建选区时勾选属性栏中"消除锯齿"复选框,可以使选区边缘更平滑。

Tip

45

"快速选择工具"和"魔棒工具"
分别什么时候用更好?

↓

[**图像中目标主体包含多种颜色时:快速选择工具**
图像中目标主体为单一颜色时:魔棒工具]

目标图像主体中包含的颜色数量是最关键的因素。下面我们利用一张图片来比较快速选择工具和魔棒工具。以下图为例,当我们想要选中图中的飞机时,最好使用快速选择工具,想要选中背景的蓝天部分时,使用魔棒工具效率更高。

快速选择工具

下图中,想要选中飞机,可用"快速选择工具"。虽然"飞机"这一目标图像主体由多种颜色组成,但整体来看"飞机"和背景之间颜色区别较大,使用"快速选择工具"能够轻松选取。若将"笔刷"数值调小,还可进行比较精细的选择。快速选择工具适用于对精确度要求相对没有特别高,想要简单快速进行选择等情况。

快速选择工具

1 由多种颜色组成的"飞机"边缘清晰,和背景之间颜色区别较大,可以使用"快速选择工具"进行快速选取。将"笔刷"数值调小,可以进行比较精细的选择。

2 相反,如果想要使用快速选择工具选取背景的蓝天部分,则需要单击后拖动鼠标,不断扩选。

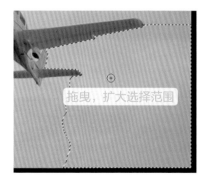

拖曳,扩大选择范围

魔棒工具

如果使用魔棒工具，只需要单击"蓝天"这样单一颜色背景的任意位置，就可以选中整个背景。如果背景中有少量不同的颜色，则选区范围可能受单击的位置影响有所不同，需重新进行选取。

 魔棒工具

1 "容差"值的大小对使用"魔棒工具"建立选区的效果影响很大，要注意根据情况进行合理地调整。如果"容差"值合适，那只需要单击一次就可以选中所需背景部分。如图所示，蓝天中有少量白云，这种情况可以将"容差"设置为45。

2 相反，如果想要使用"魔棒工具"选取由多种颜色组成的"飞机"则非常困难，即使按住 Shift 键进行加选也很难准确地完成目标主体的选取。

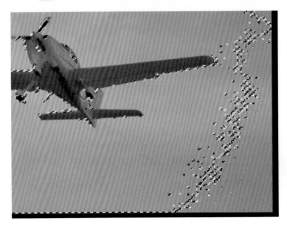

(**Point**)

"快速选择工具"和"魔棒工具"都是基于颜色而应用的选区工具，很多时候无法建立准确的选区。想要在 Photoshop 中创建更加精准的选区，还需要使用"快速蒙版"（详见Part5）或"选择并遮住"（详见Part6）等功能。

如何选取某种特定的颜色?

↓

使用"色彩范围"功能,
在图片中选取特定颜色并创建选区

使用"色彩范围"功能,能够在图片中选取特定颜色并建立相应选区。

1 让我们使用该功能选取红色的邮筒吧。首先在选择菜单中选择"色彩范围"功能。

选择(S)　滤镜(T)　3D(D)　视图(V)

色彩范围(C)...

2 弹出"色彩范围"对话框。"选择"一项默认设置为"取样颜色"①,在该列表中选择图片中希望选取的颜色即可。

3 确保"吸管工具"②处于被选中状态,将吸管指针移到图像或预览区域上,然后单击对要包含的颜色进行取样。

4 在效果预览处，被选中的颜色区域变为白色❹。如果效果不理想，可以调整"颜色容差"❺的数值大小，使邮筒整体都变为白色。

5 在对话框下方设置"选区预览"为"白色杂边"（或黑色杂边）❻，图像上选区以外的部分就会变为白色（或黑色），方便确认选区效果。

选区预览: 白色杂边 ❻

6 最后，单击同一颜色不同亮度的地方完成选区。若要增加颜色，单击❼"添加到取样"按钮；若要移去颜色，请单击❽"从取样中减去"按钮。然后在预览区域或图像中单击❾。如色彩范围变化过大，可以按Ctrl+Z（Win）/ ⌘+Z（Mac）组合键撤销上一步操作。

[Point]

要临时启用"添加到取样"功能，请按住Shift键。要启用"从取样中减去"功能，请按住Alt键（Win）/ Option键（Mac）。

7 在图像窗口确认选择效果，当邮筒几乎全部被选中时就可以单击"确定"按钮。

8 这样就成功建立了红色信筒的选区。然而受到光线的影响，物体上有变成白色的高光部分和变成黑色的阴影部分，使用此方法无法被全部选中。

Part 1

Part 2

Part 3

Part 4

Part 5

Part 6

9 此外，我们也可以选择"色彩范围"对话框中"选择"一项中的几种预设颜色。

[Point]

使用"色彩范围"命令可以精准选择单一颜色的目标主体。但是如图所示，当单一颜色的目标主体中色阶范围过大时，使用此功能难以选中整个主体。因此在使用该功能选中大部分图像内容后，可以再使用"套索工具"或"多边形套索工具"，将剩余所需部分添加到选区中。

如何选取人像的肤色部分？

↓

在"色彩范围"中选择"肤色"

使用"色彩范围"功能，能够方便快捷地选择与常见肤色类似的颜色。当然，这一功能的精准度会受背景和图像拍摄时的光线影响。

1 在"选择"菜单中选择"色彩范围"命令，调出"色彩范围"对话框。

选择(S)　滤镜(T)　3D(D)　视图(V)

↓

色彩范围(C)...

2 单击"选择"下三角按钮，在下拉列表中选择❶"肤色"选项。勾选"检测人脸"复选框❷，并调整"颜色容差"滑块❸，以进行更准确的肤色选择。在预览窗口处确认好选择效果，达到理想效果时单击"确定"按钮。

3 成功选取了肤色部分。如选区范围不够完整，可以加用其他的选区工具和功能进行调整。

关于选区的
实操技巧

Part 4

Tip
48

扫一扫
看视频

如何对图片进行非破坏性裁剪?

↓

使用"裁剪工具"时,取消勾选
"删除裁剪的像素"复选框后再操作

使用裁剪工具时,取消勾选"删除裁剪的像素"复选框来进行非破坏性裁剪,并保留裁剪框外部的像素。非破坏性裁剪不会移去任何像素,可以稍后单击图像以查看裁剪框之外的区域。

1 选择"裁剪工具"后,属性栏中的"删除裁剪的像素"复选框为勾选状态,取消选禁用此功能。

裁剪工具

2 拖动剪裁框四周的角或边缘控制点,以指定照片中的裁剪边界;也可以拖动图像部分进行调整。选区之外的部分为半透明状态,具体可以在工具属性栏单击"设置"按钮设置"不透明度"的数值。

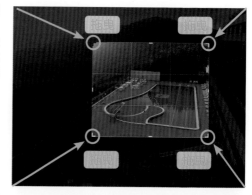

3 按 Enter (Win) / Return 键 (Mac) 来裁剪图像。这样执行的非破坏性裁剪不会移去任何像素。图层面板上的"背景"图层名称变为"图层0"。

图层 0

[Point]

在此状态下保存文件后关闭,再打开,裁剪框外部的像素仍在文件内,可以再次查看或编辑裁剪范围。

4 使用"移动工具"在裁剪框内部拖动，能够看到处于隐藏状态下的其他区域，也可以改变裁剪范围

 移动工具

5 再次使用"裁剪工具"单击图像，能够编辑裁剪内容和区域。"图层"面板上显示"裁剪预览"。

6 在"裁剪工具"为选中状态下，拖动剪裁框四周的角和边缘控制点来调整比例或大小。确定调整范围后按 Enter 键（Win）/ Return（Mac）来裁剪图像。

(Point)

非破坏性裁剪不会删除任何像素，因此也会使文件容量变大。如果确定了最终使用的图像范围，推荐在最终进行裁剪前，勾选选项栏中的"删除裁剪的像素"复选框。

Part 1
Part 2
Part 3
Part 4
Part 5
Part 6

49

如何让目标主体之外的部分变为透明?

↓

解除背景图层的锁定使其变为"图层0"
然后按 Delete 键删除

在此背景图层中,建立选区后按 Shift + Ctrl + I (Win)/ Shift + ⌘ + I (Mac)组合键进行反选,按 Delete 键删除选区之外的部分,则会弹出"填充"对话框,可以选择填充的颜色。想要让选区之外的部分变为透明,需要先解除"背景"图层的锁定使其变为"图层0",再按 Delete 键。

1 创建围绕杯子的选区,按 Shift + Ctrl + I (Win)/ Shift + ⌘ + I (Mac)组合键进行反选,此时背景中的桌子被选区选中。

2 单击"背景"图层右侧的小锁图标(图层锁定),图层从背景图层变为普通图层,名称为"图层0"。

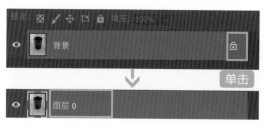

3 按 Delete 键删除桌子区域,目标主体的背景变为透明。

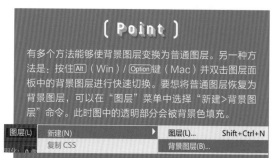

(Point)

有多个方法能够使背景图层变换为普通图层。另一种方法是:按住 Alt (Win)/ Option 键(Mac)并双击图层面板中的背景图层进行快速切换。要想将普通图层恢复为背景图层,可以在"图层"菜单中选择"新建>背景图层"命令。此时图中的透明部分会被背景色填充。

Tip

50

如何缩小画布至选区大小？

↓

创建选区后，在"图像"
菜单中选择"裁剪"命令

将图片在网上使用或印刷时，裁剪图片并删除不必要的部分可以减小图片的所占容量。使用"图像"菜单中的"裁剪"功能，能够贴合选区四周裁剪出最小的矩形，对复杂形状的选区使用也非常方便快捷。之后可以根据需要，将目标主体之外的部分调整为白色或透明（见Tip49）。

1 建立选区，只选中花朵部分。

2 在"图像"菜单中选择"裁剪"命令，贴合选区四周裁切出最小的矩形。

图像(I)　图层(L)　文字(Y)

↓

裁剪(P)

3 把背景调整为白色，按 Shift + Ctrl + I （Win）/ Shift + ⌘ + I（Mac）组合键进行反选，按 Delete 键调出"填充"对话框，将"内容"设为"白色"后单击"确定"按钮。

填充　　　　　　　　　　　　　　×

内容：白色　　　　　　　　　确定

取消

混合

模式：正常

不透明度(O)：100　%

□ 保留透明区域(P)

〔 Point 〕

不同模式下调出"填充"对话框的方式不同。在背景图层模式下使用 Delete 键；在普通图层模式下选择"编辑"菜单中"填充"命令（快捷键Shift+F5）。

如何向选区中添加/删减路径范围?

[添加:按 Ctrl + Shift (Win) / ⌘ + Shift 组合键 (Mac)
并单击路径缩略图;删减:按 Ctrl + Alt (Win) /
⌘ + Option 组合键 (Mac)并单击路径缩略图]

在Photoshop中,可以使用"路径"面板将路径添加到当前选区或从当前选区中减去。路径可以保存在"路径"面板中,方便后续在需要时对选区进行调整。

1 下图左侧有一个使用"椭圆选框工具"创建的选区,右侧南瓜处创建了"路径1"。

2 想要将路径范围添加至椭圆形选区,需按 Ctrl + Shift 键(Win)/ ⌘ + Shift 组合键(Mac),光标右下角显示"+"后单击路径缩略图。

3 想要将路径范围从当前选区中减去一部分。需按 Ctrl + Alt （ Win ） / ⌘ + Option 组合键 （ Mac ），在光标右下角显示 "–" 后单击路径缩览图。

使用面板菜单

想要向选区中添加/ 删减路径范围，还可以通过路径面板的菜单调出 "建立选区" 对话框来操作。

1 在 "路径" 面板中选择 "路径1" ❶，单击鼠标右键，在弹出的快捷菜单中选择 "建立选区" 命令❷。

2 在弹出的对话框的 "操作" 区域选中 ❸ "添加到选区" 单选按钮，便可以将路径范围添加至当前选区；若选中❹ "从选区中减去" 单选按钮，便可以将路径范围从当前选区中减去。

79

如何将选区快速拷贝到新图层？

↓

创建选区后，按 [Ctrl]+[J]（Win）/
[⌘]+[J] 组合键（Mac）

创建选区后，按 [Ctrl]+[J]（Win）/[⌘]+[J] 组合键（Mac）可以将选区快速拷贝到新图层。

1 创建目标主体的选区后，按 [Ctrl]+[J]（Win）/[⌘]+[J] 组合键（Mac）。

2 选区内的像素被拷贝到新图层，原选区范围解除。

3 在"图层"面板中找到"背景"图层，单击左侧的眼睛图标使其隐藏，即可确认选区内像素拷贝到"图层1"后的效果。

(Point)

按 [Ctrl]+[Alt]+[J]（Win）/[⌘]+[Option]+[J] 组合键（Mac），可以调出"新建图层"对话框。可以在将选区像素拷贝到新图层前，先设置好"名称"、"模式"和"不透明度"等。

Tip
53

如何通过剪切新建图层?

↓

创建选区后，按 Shift + Ctrl + J （Win）/ Shift + ⌘ + J 组合键（Mac）

创建选区后，按 Shift + Ctrl + J （Win）/ Shift + ⌘ + J 组合键（Mac）可以快捷地通过剪切新建图层。

1 创建选区选中目标主体后，按 Shift + Ctrl + J （Win）/ Shift + ⌘ + J 组合键（Mac）。

2 原选区被剪切，出现在新建的图层中。

Shift + Ctrl + J

3 在图层面板中找到"图层1"，单击左侧的眼睛图标使其隐藏，即可查看背景图层中选区内容被剪切后的效果。

(Point)

按 Shift + Ctrl + Alt + J （Win）/ Shift + ⌘ + Option + J 组合键（Mac），可以调出"新建图层"对话框。可以在将选区内的像素剪切到新图层前，先设置好"名称"、"模式"、"不透明度"等。

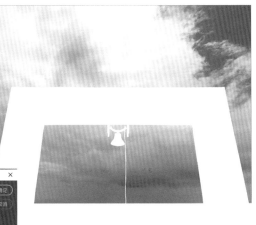

如何仅变更选区内像素的颜色？

[创建选区后再创建色相/饱和度图层，并进行操作]

使用调整图层可以在图像文件中对单独的图层应用编辑，调整图像中特定颜色范围的色相、饱和度和亮度，同时保持原始图像不变。调整图层共包含16个可进行颜色调整的项目。

1 选中长椅的蓝色部分，单击图层面板下方的"创建新的填充或调整图层"按钮❶，在列表中包含16个调整图层功能❷。本例中选择"色相/饱和度"选项。

2 在弹出的"属性"面板中，可以调整选区内像素的"色相"、"饱和度"和"明度"参数。移动"色相"滑块调整颜色。

3 选区内像素颜色发生变化。此时调整图层"色像/饱和度1"建立，选区成为图层蒙版。双击调整图层的缩略图能够调出"属性"面板，可以多次调整颜色。

如何填充选区或非透明的背景部分？

⬇

[使用前景色填充：Alt + Backspace （ Win ）/
Option + Del 组合键（ Mac ）；使用背景色填充：
Ctrl + Backspace （ Win ）/ ⌘ + Del 组合键（ Mac ）]

创建选区后可以使用前景色或背景色对选区进行填充，改变选区内像素的颜色。选择"编辑"菜单中"填充"命令，调出"填充"对话框，设置"内容"为"前景色"或"背景色"。也可以记住快捷键，操作更简单。

1 创建选区选中白色标识部分。

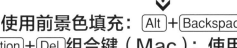

2 在工具栏中设定前景色和背景色。要使用前景色填充，按 Alt + Backspace （ Win ）/ Option + Del 组合键（ Mac ）；要使用背景色填充，按 Ctrl + Backspace （ Win ）/ ⌘ + Del 组合键（ Mac ）。

前景色

背景色

3 如果想要用除前景色和背景色以外的颜色进行填充，可以按 Shift + Backspace （ Win ）/ Shift + Del 组合键（ Mac ）调出"填充"对话框，在"内容"处选择其他的选项。

保持图层的透明部分不变进行填充

按 Ctrl + J （Win）/ ⌘ + J 组合键（Mac）将选区拷贝到新图层后，选区之外的部分将为透明状态。也可以直接使用前景色或背景色对除透明部分之外的图像进行填充，无须建立选区，轻松便捷。

1 按 Ctrl + J （Win）/ ⌘ + J 组合键（Mac）将选区拷贝到新图层后，选区之外的部分将为透明状态，原选区范围解除。

2 在未建立选区的状态下，想要使用前景色对透明部分之外的图像进行填充，只需按 Shift + Alt + Backspace （Win）/ Shift + Option + Del （Mac）组合键即可。

3 同样，想要使用背景色对透明部分之外的图像直接进行填充，按 Shift + Ctrl + Backspace （Win）/ Shift + ⌘ + Del （Mac）组合键即可。

[**Point**]

在工具栏下方有恢复"默认前景色和背景色"的图标，其快捷键为"D"键。

Tip
56

如何建立和当前选区相同大小的文档？

↓

> 按 Ctrl + C （Win）/ ⌘ + C 组合键（Mac）拷贝选区
> 按 Ctrl + N （Win）/ ⌘ + N 组合键（Mac）新建文档

拷贝选区后，调出"新建文档"对话框并单击"创建"按钮，就可以建立和当前选区相同大小的文档。

1 建立选区后，按 Ctrl + C （Win）/ ⌘ + C 组合键（Mac）拷贝当前选区。

2 按 Ctrl + N （Win）/ ⌘ + N 组合键（Mac）调出"新建文档"对话框（也可以在"文件"菜单中选择"新建"命令）。确认"剪贴板"为选中状态后❶，在右侧的"预设详细信息"❷处设置好"分辨率"和"颜色模式"等单击"创建"按钮❸。就可以建立和当前选区相同大小的文档了。

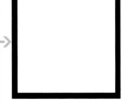

3 按 Ctrl + V （Win）/ ⌘ + V 组合键（Mac），将选区图像粘贴至新建文档，确认新建文档是否与原选区大小相同。

Tip
57

如何去除选区边界上的杂乱像素？

↓

选择"图层"菜单中"修边">"去边"命令

当移动或剪切、粘贴选区时，选区边框周围的一些像素也包含在选区内，这会在选区的边缘周围产生边缘或晕圈。使用"图层"的"修边"子菜单中的命令可以编辑不想要的边缘像素，即"去边"。如果选区边缘效果不理想，使用"去边"功能能够使选区的边缘更加平滑。

1 将选区拷贝至其他图层①，背景调整为黑色。背景为透明时选区边缘的杂乱像素并不明显，但进行图像合成，背景为白色或黑色时则会比较明显②。

2 在"图层"面板中选择剪切、粘贴的图像，选择"图层"菜单的"修边"子菜单中的命令。杂乱像素为深色时选择"移去黑色杂边"③；杂散像素为浅色时选择"移去白色杂边"④。

3 如果执行步骤2后效果不理想，可以在"图层"菜单的"修边"子菜单中选择"去边"命令⑤，调出"去边"对话框，在"宽度"中输入数值，来指定要在图中需要搜索替换像素的区域。大多数情况下，调整1至2像素即可达到较理想效果。然后单击"确定"按钮。

扫一扫
看视频

如何只选择照片的焦点部分?

↓

使用"选择"菜单中的"焦点区域"功能

当目标主体与背景为同色系时,使用"快速选择工具"和"魔棒工具"等基于颜色应用的选区工具很难顺利选中目标主体。此时可以使用"焦点区域"功能(CC2014及之后版本),轻松做到只选择照片的焦点部分。

1 图中,只有图像中间位置的花朵和花苞为焦点部分。但花朵颜色与背景非常相似,花苞的颜色与背景色更是几乎相同,使用基于颜色的选择类工具很难选取这类目标主体。

2 在"选择"菜单中选择"焦点区域"命令。

选择(S)　滤镜(T)　3D(D)

↓

焦点区域(U)...

3 弹出"焦点区域"对话框。在最初的默认设定中,"参数"的"焦点对准范围"右侧的"自动"复选框被勾选状态❶,软件能够自动检测并建立焦点区域的选区。此外,默认设定中视图模式为白底。

4 拖动"参数"模块中的"焦点对准范围"滑块②，调整选区范围所覆盖的焦点区域。该数值越大覆盖的范围越大，数值越小覆盖的范围越小。本示例中我们将数值调大。

5 为使选区编辑工作更快进行，可以单击"视图"右方的下拉按钮"v"③，在菜单中选择"叠加"视图模式。选区之外的图像变为半透明的红色。

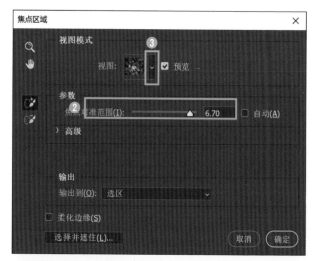

(Point)

按F键可以在"视图模式"的各个子选项中切换。

6 要调整选区细节，可以使用"焦点区域添加工具"④和"焦点区域减去工具"⑤。画笔大小数值可以在工具属性栏中设置"大小"⑥的数值。

(Point)

按E键可以快捷地切换"焦点区域添加工具"和"焦点区域减去工具"。

7 调整选区：使用"焦点区域添加工具"在未选中的部分拖动以增加选区；使用"焦点区域减去工具"在误选的部分拖动以减去选区。

8 勾选对话框中的"柔化边缘" ⑦复选框以羽化选区边缘，使其与背景更好地融合。

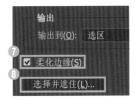

9 更改"视图"至"图层"，可以确认选区效果。

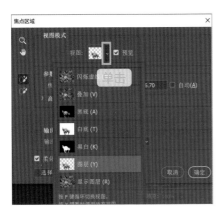

10 单击"确定"按钮，成功建立只包含焦点部分的选区。

(Part)

5

选区与
蒙版的技巧

Part 5

91

Tip
59

扫一扫
看视频

选区和Alpha通道蒙版、蒙版的关系

⬇

利用选区的蒙版包括：
Alpha通道蒙版、快速蒙版和图层蒙版

将图像中不需要编辑的部分覆盖并保护起来的功能叫作"蒙版"。使用蒙版，可以覆盖并隐藏部分图像，仅让需要的部分可见。通常使用选区来建立蒙版，也可以使用路径和通道。

Alpha通道

在Photoshop中想要暂时保存选区时，可以将选区转换为"通道"进行保存。此时该选区中的信息（通道）叫作"Alpha通道"。已保存的Alpha通道可以进行编辑操作，如添加、减去等；也可以再次被读取为选区。

〔 Point 〕

"通道"面板是管理通道（存储有颜色信息等不同类型信息的灰度图像）的地方。Alpha通道将选区存储为灰度图像，是保存"除颜色信息之外的信息"的通道。

1 建立选区，选择"选择"菜单中的"存储选区"命令，调出"存储选区"对话框。"名称"处保持空白，单击"确定"完成"新建通道"操作。

选择(S) 滤镜(T) 3D(D) 视图	
全部(A)	Ctrl+A
取消选择(D)	Ctrl+D
重新选择(E)	Shift+Ctrl+D
反选(I)	Shift+Ctrl+I
所有图层(L)	Alt+Ctrl+A
取消选择图层(S)	
查找图层	Alt+Shift+Ctrl+F
隔离图层	
色彩范围(C)...	
焦点区域(U)...	
主体	
选择并遮住(K)...	Alt+Ctrl+R
修改(M)	
扩大选取(G)	
选取相似(R)	
变换选区(T)	
在快速蒙版模式下编辑(Q)	
载入选区(O)...	
存储选区(V)...	
新建 3D 模型(3)	

2 成功建立"Alpha1"，显示在通道面板中
①。单击眼睛形状图标仅使"Alpha1"
可见，可以看到其为灰度图像。白色部分为选
区，黑色部分为选区外即蒙版。

快速蒙版

切换至"快速蒙版"模式，能够暂时性变为选区编辑模式。受保护区域和未受保护
区域以不同颜色进行区分：默认情况下，"快速蒙版"模式会用红色，50%不透明
的叠加为受保护区域着色。将前景色切换为灰度，则选区部分为白色或灰色，蒙版
部分为黑色，此时可以进行编辑。退出"快速蒙版"模式时，50%不透明的红色部
分消失，未受保护区域成为选区。

1 单击工具栏下方的"以快速蒙
版模式编辑"按钮。（使用 Ⓠ
键可以在"快速蒙版"模式和标准模
式之间快速切换）

2 使用"快速蒙版"模式进行编辑时，"通
道"面板中显示"快速蒙版"②通道。

Part 1

Part 2

Part 3

Part 4

Part 5

Part 6

图层蒙版

图层蒙版可以在保持原有图像的同时，覆盖并隐藏部分图层，可以通过"图层"面板进行管理。图层蒙版是一种灰度图像，用黑色绘制的区域将被隐藏（保护），用白色绘制的区域是可见的。该功能多用于合成图像。

1 创建选区，单击"图层"面板中的"添加图层蒙版"按钮❸；也可以在"图层"菜单中选择"图层蒙版"命令，选择"显示全部"或"隐藏全部"。这样选区变为图层蒙版❹保存在"图层"面板中。选中图层蒙版后，"通道"面板中会显示"图层X蒙版"通道❺。

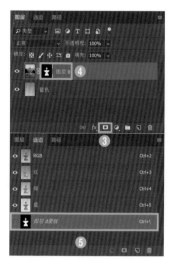

2 目标主体选区之外的部分被隐藏，并显示下面的图层中的蓝色。

矢量蒙版

矢量蒙版为使用"钢笔工具"、形状工具建立的蒙版，可在图层上创建锐边形状。矢量蒙版是可以任意放大或缩小的蒙板，调整时不会影响图片的清晰度。

使用"钢笔工具"在图像中建立路径❻，在"图层"菜单中选择"矢量蒙版>当前路径"命令。此时"图层"面板中显示"矢量蒙版"❼，"路径"面板中显示"图层X矢量蒙版"❽。

剪贴蒙版

剪贴蒙版可以使用某个图层的内容来遮盖其上方的图层。遮盖形状由底部图层或基底图层内容决定。

1 上方图层为"蓝色"。底部图层为剪贴图像"图层0",周围内容透明。

2 选择"蓝色"图层,在"图层"菜单中选择"创建剪贴蒙版"命令。也可以按住 [Alt](Win)/ [Option] 键(Mac),在"图层"面板上两个图层的交接处单击左键,创建剪贴蒙版。

3 基底图层(图层0)的非透明内容在剪贴蒙版中裁剪(显示)它上方的图层(蓝色图层)的内容。蓝色图层中的所有其他内容被遮盖掉。蒙版中的基底图层名称带下划线⑨,上层图层的缩略图是缩进的。叠加图层将显示一个剪贴蒙版图标⑩。

Part 1

Part 2

Part 3

Part 4

Part 5

Part 6

Tip

60

扫一扫
看视频

如何多次使用同一选区？

在"通道"面板中单击"将选区存储为通道"按钮

保存选区，则选区会变为灰度图像存储在"通道"面板中。
将选区存储为Alpha通道后，可以随时重新加载并使用此选区。

1 创建选区，单击"通道"面板中的"将选区存储
为通道"按钮①，将选区存储为"Alpha1"②。

2 按 [Ctrl]+[D]（Win）/ [⌘]+[D]组合键（Mac）取消
选区。

3 要读取保存的选区，只需按住[Ctrl]
（Win）/ [⌘]键（Mac），在鼠标箭头变
为图示状态时单击"Alpha1"即可。

【 Point 】

要读取保存的选区，还可以在"通道"面板中选
择"Alpha1"，然后单击"将通道作为选区载
入"按钮③。

扫一扫
看视频

如何向已保存的Alpha通道内容中添加选区？

↓

创建想要添加的选区然后使用
"存储选区"添加至已保存的Alpha通道中

在Photoshop中，可以向已保存的选区（Alpha通道）中添加选区。在选取较复杂的目标主体时，使用此功能能够逐步保存并增加选区，方便操作。

1 向已保存在Alpha通道（灰度图像）的选区中添加内容。

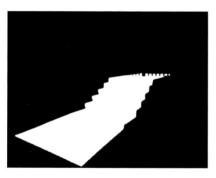

2 选中想要添加的图像，建立选区（此处为地面部分）。

3 在"选择"菜单中选择"存储选区"命令，调出对话框。在"通道"处选择想要添加到的通道（此处为"Alpha1"）❶，在"操作"区域选择"添加到通道"❷单选按钮，然后单击"确定"按钮。

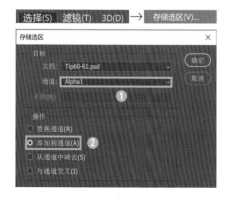

4 选区成功添加至"Alpha1"通道。

Part 1

Part 2

Part 3

Part 4

Part 5

Part 6

5 在"通道"面板选择"Alpha1"通道（RGB的眼睛图标消失则不可见），可以确认添加并保存的选区（灰度图像）。

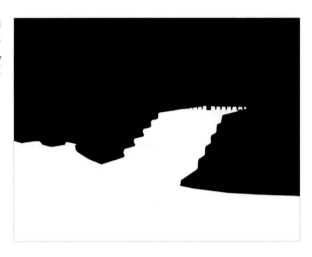

如何将添加后的选区保存为Alpha通道？

1 建立想要添加的选区后，按住 Ctrl + Shift（Win）/ ⌘+Shift 组合键（Mac）并单击"Alpha1"通道。此时鼠标箭头右下角显示"+"，可以将保存的选区添加至Alpha通道。

2 想要保存添加的选区，可单击"将选区存储为通道"按钮，即可建立并保存"Alpha2"通道。

(Point)

想要用新选区范围的通道覆盖原有通道"Alpha1"，可以在"选择"菜单中选择"存储选区"命令，然后在"存储选区"对话框中"通道"的下拉菜单中选择"Alpha1"，在"操作"区域中选择"替换通道"单击按钮，然后单击"确定"按钮即可。

Tip

62

如何从已保存的Alpha通道中删除部分选区?

↓

在"存储选区"对话框中，选择
"从通道中减去"单选按钮

在Photoshop中，可以从已保存的选区（Alpha通道）中删除部分选区。使用"存储选区"命令可以快速进行操作。使用快捷键也可以完成操作，但需要先将要删除的选区保存至"通道"面板中。

1 图中的选区为保存至Alpha通道中的选区（灰度图像）。

2 选中想要删除的部分，创建选区。图中选中向日葵种子的部分。

3 在"选择"菜单中选择"存储选区"命令，然后在"存储选区"对话框中"通道"的下拉菜单中选择想要删除部分选区的通道（此处为"Alpha1"通道）❶，在"操作"区域中选择"从通道中减去"单选按钮❷，单击"确定"按钮即可。

选择(S)　滤镜(T)　3D(D) → 存储选区(V)...

存储选区	✕
目标	
文档: tip 62.png	确定
通道: Alpha 1 ❶	取消
名称(N):	
操作	
◯ 替换通道(R)	
◯ 添加到通道(A)	
❷ ⦿ 从通道中减去(S)	
◯ 与通道交叉(I)	

Part 1
Part 2
Part 3
Part 4
Part 5
Part 6

4 所选部分从"Alpha1"通道选区中减去。

5 在"通道"面板选择"Alpha1"通道（RGB的眼睛图标消失则不可见），可以确认减去后保存的选区（灰度图像）。

使用快捷键的操作方法

1 选中想要删除的部分，创建选区。单击"将选区存储为通道"按钮①，建立并保存为"Alpha2"通道②。

2 按住 Ctrl（Win）/ ⌘组合键（Mac）并单"Alpha1"通道③，读取选区。

3 按住 Ctrl + Alt（Win）/ ⌘+ Option组合键（Mac）④，在光标右下角显示"－"后单击"Alpha2"通道。"Alpha2"的范围从"Alpha1"选区中删除。

4 单击"将选区存储为通道"⑤按钮，建立并保存为"Alpha3"⑥。

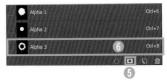

Tip
63

如何编辑Alpha通道中的选区？

↓

[作为灰度图像，可以使用画笔工具和指令等自由编辑]

Alpha通道为灰度图像，可以使用画笔工具进行涂抹，也可以使用指令和滤镜等进行编辑。由于在Alpha通道中的操作为破坏性编辑，因此最好在操作前拷贝保存即将被编辑的Alpha通道。

1 图中虚线部分为保存在Alpha通道中的选区（灰度图像）。

2 编辑选区前，拷贝即将编辑的Alpha通道。将"Alpha1"拖曳至"创建新通道"按钮处 ❶，建立"Alpha1拷贝"通道，然后在"Alpha1拷贝"通道中进行编辑。

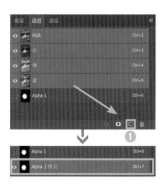

3 将"画笔工具"的颜色设定为白色然后进行涂抹 ❷，可以扩大选区的范围。

画笔工具

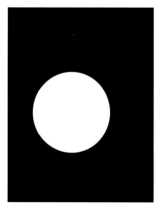

4 在"滤镜"菜单的"模糊"子菜单中
选择"高斯模糊"命令调出对话框
❸。设置好"半径"后单击"确定"按钮，
可以模糊选的边缘。

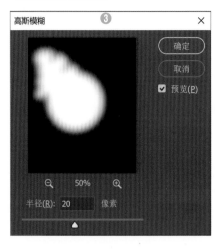

5 编辑结束后，单击"通道"面板的
"将通道作为选区载入"按钮❹，所选
范围被读取为选区。

6 激活RGB通道以显示图像❺。可以看
到被画笔涂抹过的区域和执行过模糊
命令的选区被成功建立。

如何一边观察原图像一边编辑Alpha通道？

↓

选择Alpha通道后，
单击RGB通道的眼睛图标

在"通道"面板中，选择并激活Alpha通道，则能编辑灰度图像。但如果编辑时无法看到图像，就很难进行特定区域的选取和细节部分的调整。如果想在编辑Alpha通道时能够看到原图像，可以让Alpha通道中的信息由半透明的红色显示出来，变为可以看到图像的状态。

1 在"通道"面板中，选择并激活Alpha通道后❶，单击RGB通道（合成通道）的眼睛图标❷使其显示。

2 Alpha通道的信息由半透明的红色显示出来，变为可以看到图像的状态。

3 由于Alpha通道已激活，因此能够在看到图像的状态下进行编辑。原本蒙版中的黑色变为半透明的红色，编辑方法与Tip63中介绍的相同。

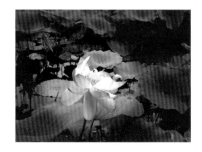

Tip

65

扫一扫
看视频

保存文件时，如何将Alpha通道一并保存？

在"另存为"对话框中勾选"Alpha通道"复选框

使用部分文件格式，能够在保存文件时将Alpha通道一并保存。在"另存为"对话框中设置"保存类型"为"Photoshop""TIFF"或"PhotoshopPDF"等格式，并在"存储选项"区域勾选"Alpha通道"复选框，就可以将Alpha通道也保存在文件中。

1 在"文件"菜单中选择"存储"或"存储为"命令，调出"另存为"对话框。在"保存类型"处选择保存格式，会发现有些格式下"存储"选项区域的"Alpha通道"为可勾选状态，使用这样的格式保存文件可以将Alpha通道一并保存。除Photoshop以外，TIFF、BMP和Photo－shopPDF等格式都可以将Alpha通道也保存在文件中。

2 在有些格式下"存储选项"区域的"Alpha通道"为不可勾选状态，文字为灰色，有时复选框左侧还有警告标志。使用这样的格式保存文件无法将Alpha通道一并保存。如将文件以JPEG格式保存时，就需要破坏Alpha通道。

Tip

66

扫一扫
看视频

如何将选区保存为尽可能小的文件?

↓

将选区转换为路径，然后用JPEG格式保存

在保存文件时将Alpha通道一并保存，会导致文件较大。想要保存为较小的文件，可以将选区转换为路径，然后用JPEG格式保存。路径可以方便地转换为选区，需要注意的是，由于要转换为路径（矢量对象），所以仅限于未设置有模糊或透明度等效果的选区。

1 将图中的选区以Alpha通道保存为Photoshop格式，文件大小为17.1MB。

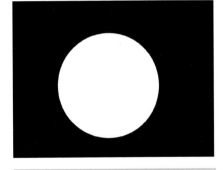

| 大小: | 16.2 MB (17,082,548 字节) |
| 占用空间: | 16.2 MB (17,084,416 字节) |

2 按住 Ctrl 键（Win）/ ⌘键（Mac）并单击"Alpha1"，读取选区。

3 在"路径"面板中单击"从选区生成工作路径"按钮❶，即可将选区转换为路径❷。

4 在"文件"菜单中选择"存储为"命令，调出"另存为"对话框。在"保存类型"下拉列表中选择JPEG格式，单击"保存"按钮。在新出现的"JPEG选项"对话框中任意设置"品质"数值（默认为8）并单击"确定"按钮即可。JPEG格式图像无法保存Alpha通道，但能够存储路径。

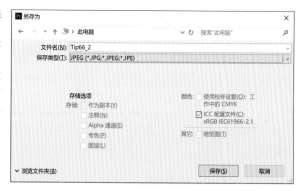

5 让我们来看看以JPEG格式保存的图像的大小吧：如果使用的电脑是Windows系统，可在文件管理器中找到保存的图像并右击，在菜单中选择"属性"命令，即可在"（文件名）属性"对话框中显示文件大小的信息；如果使用的是Mac电脑，可以在"访达"中找到保存的图像，按⌘+I组合键（"文件"菜单的"查看信息"）调出"（文件名）属性"对话框并显示文件大小的信息③，还可以查看文件类型和名称④。

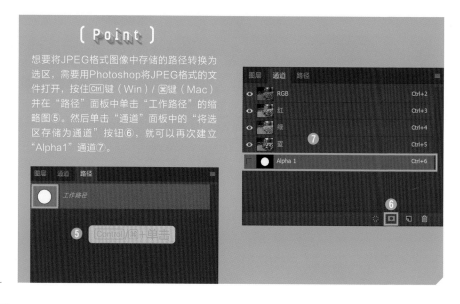

（ Point ）

想要将JPEG格式图像中存储的路径转换为选区，需要用Photoshop将JPEG格式的文件打开，按住Ctrl键（Win）/⌘键（Mac）并在"路径"面板中单击"工作路径"的缩略图⑤。然后单击"通道"面板中的"将选区存储为通道"按钮⑥，就可以再次建立"Alpha1"通道⑦。

Tip

67

利用彩色通道建立选区的方法

↓

拷贝彩色通道并将其
作为Alpha通道保存以建立选区

颜色通道的颜色对比强烈、清晰明了，将其拷贝并作为Alpha通道保存，即使目标主体形状复杂也可以轻松建立选区。下面以图片中树叶部分为例建立选区。

1 在"通道"面板中依次单击"红"、"绿"、"蓝"三个通道，选用对比最强烈的通道，此例选择"蓝"通道。

原始图像

"红"通道

"绿"通道

"蓝"通道

2 将"通道"面板中的"蓝"通道拖曳至右下方的"创建新通道"按钮处，将"蓝拷贝"保存为Alpha通道。

107

3 调整"蓝拷贝"通道的对比度。按 Ctrl + L
（Win）/ ⌘+L 组合键（Mac）（"图像"菜单
中"调整>色阶"）调出"色阶"对话框。"输入色
阶"模块的图像下方左侧为"黑场"滑块❶，右侧为
"白场"滑块❷，中间为"中间调"滑块❸。将"黑
场"和"白场"滑块向内拖移，使其靠近"中间调"
滑块，可以增加黑白的对比度。完成调整后单击"确
定"按钮。

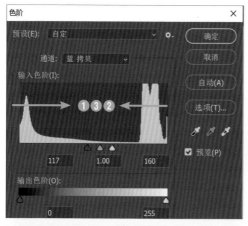

(Point)

"色阶"对话框可以帮助使用者在观察直方图的同时调整图像的阴影、中间调和高光的强度级别，
从而校正图像的色调范围和色彩平衡。

4 按 Ctrl + I（Win）/ ⌘+I 组合键（Mac）（"图像"菜
单中"调整>反相"），反转Alpha通道的黑白部分。

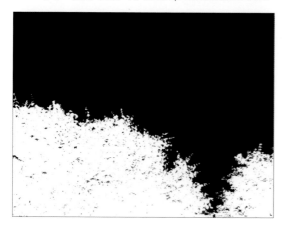

5 如有未选中的部分，可以将前景
色设定为白色，并使用"画笔工
具"进行涂抹。

6 单击RGB通道（合成通道）④处
激活该通道。

7 按住 Ctrl（Win）/ ⌘键（Mac）
在"通道"面板中单击"蓝拷
贝"⑤。

8 该选区被读取，可以看到在复杂
的树叶部分成功建立了选区。

如何将选区应用在其他文件中?

↓

拷贝当前Alpha通道，
粘贴至其他文件的Alpha通道中

将选区应用在其他文件中，有两种方法。一种是在"选择"菜单中选择"载入选区"命令，调出对话框。使用这种方法需要将原文件和目标文件同时打开，且两个文件的尺寸和分辨率必须相同。另一种方法则无须两个文件为相同尺寸，只要拷贝当前Alpha通道，粘贴至其他文件的Alpha通道中即可。

1. 在当前文件中，选区保存在Alpha通道中。

2. 选择保存于"通道"面板的Alpha通道，按Ctrl+A（Win）/ ⌘+A组合键（Mac）（"选择"菜单中"全选"）全选，然后按Ctrl+C（Win）/ ⌘+C组合键（Mac）（"编辑"菜单中"拷贝"）拷贝。

3. 打开目标文件。此处为了方便展示将背景设置为蓝色❶。

4 单击"通道"面板中的
"创建新通道"按钮②，
创建"Alpha1"③通道。

5 "Alpha1"通道处于
激活状态下，按Ctrl+V
（Win）/ ⌘+V组合键（Mac
（"编辑"菜单中"粘贴"）
粘贴。原文件的Alpha通道
成功拷贝至目标文件后，按
Ctrl+D（Win）/ ⌘+D组合键
（Mac）（"选择"菜单中"取消
选择"）取消选择。

6 激活RGB通道（合成通
道）④，然后按住Ctrl
（Win）/ ⌘键（Mac）并单击
"Alpha1"⑤。可以确认选区
是否成功拷贝至目标文件。

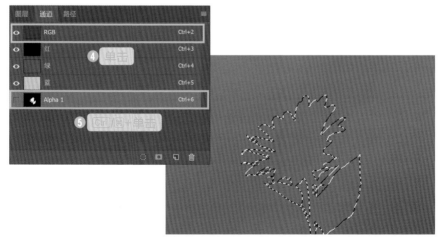

Part 1

Part 2

Part 3

Part 4

Part 5

Part 6

Tip
69

快速蒙版和Alpha通道的区别是?

↓

[快速蒙版：可以即时确认选区并进行编辑处理
Alpha通道：可以保存然后再进行编辑]

快速蒙版和Alpha通道的功能有许多相似之处，都可以进行普通选区工具难以完成的复杂形状选取，细节部分调整等高精度的选区创建工作。选区以外的部分为半透明的红色，能够方便地确认模糊和透明度的设置情况。

快速蒙版为暂时性使用

快速蒙版的功能是即时确认选区、进行局部调整。单击工具栏下方的"以快速蒙版模式编辑"按钮，或者使用Q键可以在快速蒙版模式和标准模式之间快速切换，可以快速进行编辑工作。

使用快速蒙版模式进行编辑时且仅有此时，"通道"面板中显示"快速蒙版"通道。

Alpha通道为保存使用

Alpha通道的功能是保存选区。已保存的Alpha通道可以进行编辑，如添加、部分减去等，也可以再次读取为选区进行编辑。总的来说两者的根本区别是"是否保存选区"。在使用Photoshop编辑图像时，常常先使用快速蒙版进行即时编辑工作，再将结果存储为Alpha通道（见Tip74）。

保存为Alpha通道的选区可以有多个。

Tip

70

如何一边观察原图像一边创建边缘模糊的选区？

⬇

[切换至快速蒙版模式，在蒙版上进行模糊设置]

切换至快速蒙版模式后，图像中选区以外的部分会变为半透明的红色。此时能够透过蒙版看到下方的图像，可以一边确认模糊效果一边进行操作。本案例的图中使用"矩形选框工具"创建了选区，使用"高斯模糊"功能模糊蒙版，使选区边缘模糊。

使用"矩形选框工具"创
建选区（图中选区为海水
和海岸部分）。按Q键或单击工
具栏下方的"以快速蒙版模式编
辑"按钮❶，切换至快速蒙版模
式。选区以外的部分变为半透明
的红色。

向蒙版添加模糊效果。在"滤镜"菜
单的"模糊"子菜单中选择"高斯模
糊"命令，调出"高斯模糊"对话框。在预览
图中进行拖曳❷，调整滑块进行模糊相关设
置❸。完成后单击"确定"按钮，成功向蒙
版添加模糊效果。

Part 1

Part 2

Part 3

Part 4

Part 5

Part 6

3 按Q键或单击工具栏下方的"以标准模式编辑"按钮④，返回图像编辑模式（标准模式）。此时已成功创建了边缘模糊的选区。由于图像中选区仅被虚线边框圈出，因此无法确认模糊的具体效果。

4 按Ctrl+J（Win）/⌘+J组合键（Mac）将选区拷贝到新图层，单击"背景"图层左侧的眼睛图标隐藏该图层。即可确认进行边缘模糊操作后的选区内图像的效果。

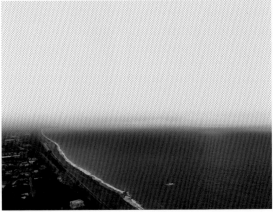

5 创建调整图层，调整该选区内的颜色可以达到比较自然的效果（见Tip54）。

Tip

71

如何使用渐变让色调自然地变化？

↓

在快速蒙版模式下使用渐变，
建立选区后使用"曲线"调整

快速蒙版模式下，希望模糊后调整色调的部分创建渐变蒙版。然后切换回图像编辑模式（标准模式），对图像进行色调调整可达到让色调变化自然的效果。

1 打开图像，按Q键或单击工具栏下方的"以快速蒙版模式编辑"按钮❶，切换至快速蒙版模式。

2 选择"渐变"工具，单击工具属性栏中的"径向渐变"按钮❷。

3 以想要使其变暗的部分为起点，向右下角拖动光标创建渐变。具体的渐变效果受拖曳的长度和方向影响，可反复尝试直至达到满意效果。

4 按Q键或单击工具栏下方的"以标准模式编辑"按钮❸，返回图像编辑模式（标准模式）。此时半透明的红色蒙版消失，并转换为选区。

拖曳

5 按 Shift + Ctrl +
I（Win）/
Shift + ⌘ + I 组合键
（Mac）反选选区。

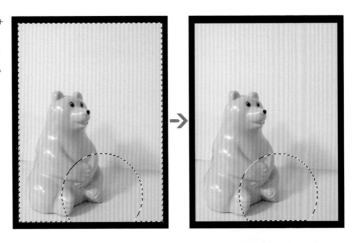

6 单击"图层"面板中的"创建新的填充或调整图层"下三角按钮④，选择"曲线"选项。这样"曲线1"调整图层成功被创建，当前选区成为该图层蒙版。

7 在"属性"面板上调整曲线，将"中间调"部分向下拖动，使目标主体周围变暗。调整图层的相关操作请参考Tip54，此处下拉曲线中间部分使相应部位变暗。

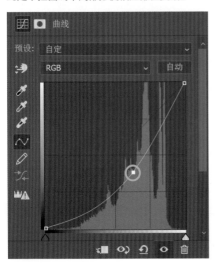

8 成功调整选区亮度，指定范围内色调变暗，效果更自然。

Tip
72

如何使用"画笔工具"选择轮廓较模糊的图形?

↓

在快速蒙版模式下用"硬度：0"的画笔描边，用"不透明度：100%"的画笔涂抹内部

想要选择轮廓较模糊的图形，需要让选区的边缘模糊。而要建立边缘柔和的选区，只需切换至快速蒙版模式下用"硬度：0"的画笔描边，再用"不透明度：100%"的画笔（或硬度为100的笔刷）涂抹内部即可。

1 尝试在快速蒙版模式下使用"画笔工具"选择图中玩偶这样轮廓较模糊的图形。

2 选择"画笔工具"，确认工具栏中的不透明度为100%。然后配合目标主体的大小设置合适的"直径"，并设置画笔硬度为0。

3 按Q键或单击工具栏下方的"以快速蒙版模式编辑"按钮②，切换至快速蒙版模式。使用"画笔工具"在目标主体边缘进行涂抹。

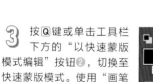

4 使用"魔棒工具"对玩偶内部进行选择。

5 在"选择"菜单的"修改"子菜单中选择"扩展"命令，调出"扩展选区"对话框。在"扩展量"处输入约等于画笔"直径"的数值（此处为30像素），然后单击"确定"按钮以扩大选区。

6 确认前景色为黑色后按 Alt + Backspace （Win）/ Option + Del 组合键（Mac）用前景色填充选区内部，然后按 Ctrl + D （Win）/ ⌘ + D 组合键（Mac）（"选择"菜单中"取消选择"）取消选择。

(Point)

填充选区还可以使用另一种方法：在"编辑"菜单中选择"填充"命令，调出"填充"对话框，然后进行相应设置。

7 如果仍有未填充的部分，可以选择"画笔工具"，在工具属性栏中设置其硬度为100%❸，并在相应部位进行补充。这次可以小心地在主体边缘和大范围填充之间的连接部位进行涂抹，创建完美的选区。

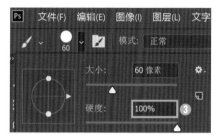

8 按Q键或单击工具栏下方的"以标准模式编辑"按钮❹，返回图像编辑模式（标准模式）。

9 此时，被选中的是除玩偶之外的部分，因此需要按Shift+Ctrl+I（Win）/Shift+⌘+I组合键（Mac）进行反选。

10 按Ctrl+J（Win）/⌘+J组合键（Mac）将选区拷贝到新图层，单击"背景"图层左侧的眼睛图标隐藏该图层，即可确认选区边缘的状态。

[Point]

如果还需要进一步详细设置选区边缘，请使用"选区与蒙版"中的技巧（见Part6）。

Part 1

Part 2

Part 3

Part 4

Part 5

Part 6

Tip

73

扫一扫
看视频

如何将蒙版编辑时的半透明红色变为其他颜色?

↓

可以用颜色表示选区,或将红色变为
其他颜色,或改变透明度

在使用快速蒙版、Alpha通道编辑时画面上出现半透明的红色,在编辑某些图像时可能会导致难以看清图像内容,此时可以进行调整。

快速蒙版

1　双击工具栏下方"以快速蒙版模式编辑"按钮❶,调出"快速蒙版选项"对话框。默认设置中"色彩指示"为"被蒙版区域"❷。

2　创建选区选中叶子部分然后切换至快速蒙版模式。将"色彩指示"调整为"所选区域"❸,则选区部分变为半透明的红色❹。

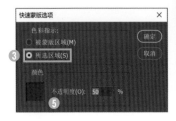

3　单击"颜色"缩略图❺,可调出"拾色器(快速蒙版颜色)"对话框❻。选择颜色后单击"确定"即可。

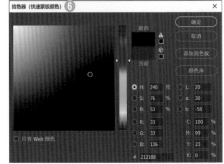

4　蒙版的颜色发生变化。此外还可以调整"不透明度"改变图像的可视程度。如使用红色蒙版操作困难推荐使用此功能进行调整。

Alpha通道

设置Alpha通道的表示色分两种情况：新建通道与已保存的Alpha通道。

1　设置新建Alpha通道时，按住 Alt （Win）/ Option 键并单击"通道"面板上的"将选区存储为通道"按钮❼，即可调出"新建通道"对话框。设置方式和快速蒙版相同。

2　设置已保存的Alpha通道，只需双击"通道"面板上的目标通道，即可调出"通道选项"对话框。使用此功能可以对各个Alpha通道分别进行设置。

〔 Point 〕

设置Alpha通道，还可以单击"通道"面板右上角的菜单按钮，选择"新建通道"或"通道选项"命令，调出对应对话框。

121

如何将快速蒙版转换为Alpha通道?

↓

在"通道"面板中,将"快速蒙版" 拖曳至"创建新通道"按钮上

将快速蒙版模式下编辑的蒙版(选区)转换为Alpha通道的方法非常简单,只需通过"通道"面板操作即可。

1 使用快速蒙版模式编辑选区时,"通道"面板中有"快速蒙版"通道。将该通道拖曳至"创建新通道"按钮❶处,即可创建"快速蒙版拷贝"通道❷。

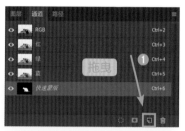

2 按 Q 键或单击工具栏下方的"以标准模式编辑"按钮❸,返回图像编辑模式(标准模式)后"快速蒙版"通道消失,但"快速蒙版拷贝"通道仍在通道面板中。双击名称部分可以进行重命名。

(Point)

使用快速蒙版选择目标主体时,将"色彩指示"设置为"所选区域"后进行涂抹操作更加方便简单(见Tip73)。完成编辑后按 Ctrl + I (Win) / ⌘ + I 组合键(Mac)("图像"菜单中"调整>反相"),将选区调回普通的白色蒙版即可。

Tip

75

扫一扫
看视频

如何将选区转换为图层蒙版？

↓

[单击"图层"面板上的"添加图层蒙版"按钮即可]

图层蒙版可以在保持原有图像的同时，覆盖并隐藏部分图层内容，可以通过"图层"面板对其进行管理。图层蒙版是一种灰度图像，用黑色绘制的区域将被隐藏（保护），用白色绘制的区域是可见的，该功能多用于合成图像。图层蒙版与Alpha通道比较相似，但属于图层。

1 红色"背景"图层上层为手握拳的图像"图层1"。

2 选中"图层1"，然后在手的位置创建选区，单击"图层"面板上的"添加图层蒙版"按钮❶。

③ "图层1"的缩略图右侧出现图层蒙版②。"图层1"中蒙版黑色部分对应的位置被遮蔽,显示红色"背景"。

④ 按住 Alt（Win）/ ⌘键（Mac）并单击图层蒙版的缩略图③,可以切换至图层蒙版的灰度图像,进行涂抹、加工等。再次按住 Alt（Win）/ ⌘键（Mac）并单击图层蒙版的缩览图,可以回到使用图层蒙版制作的合成图像画面。

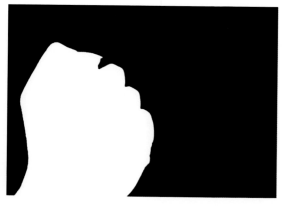

⑤ 按住 Shift 键并单击图层蒙版的缩略图④,可以暂时停用层蒙版,缩略图上出现红色的"X"。这种情况下"图层1"的图像可以完全显示。再次按住 Shift 键并单击图层蒙版的缩略图,可以回到使用图层蒙版制作的合成图像画面。

Tip
76

如何将选区转换为矢量蒙版?

↓

**将选区转换为路径,按住 Ctrl(Win)/
⌘键(Mac)并单击"添加图层蒙版"按钮**

矢量蒙版多用在使用路径形状建立蒙版,合成图像使下层的图像部分可见。由于其可以使用控制点和锚点对选区进行变形操作,因此多用于建立边缘清晰、形状简单的蒙版。

1 "图层"面板中有两个图层,星空"背景"图层上层为月亮的图像"图层1"。

2 创建选区,选中"图层1"上的目标主体"月亮"。单击"路径"面板中的"从选区生成工作路径"按钮❶,将选区转换为路径。

3 选区转换为"工作路径"②。

4 在"路径"面板（或"图层"面板）中按住 Ctrl（Win）/ ⌘ 键（Mac）并单击"添加图层蒙版"按钮③，即可创建"图层1"矢量蒙版④。路径描画的部分被遮蔽，显示出下层的星空"背景"。

(Point)

在"路径"面板上的"工作路径"为选中的状态下，单击"钢笔工具"工具属性栏上的"蒙版"按钮（新建矢量蒙版）⑤，或在"图层"菜单的"矢量蒙版"子菜单中选择"当前路径"命令，即可将路径转换为矢量蒙版。

5 按住 Shift 键并单击添加的矢量蒙版缩略图，可以暂停使用矢量蒙版，此时缩略图上显示红色的"X"⑥。再次按住 Shift 键并单击矢量蒙版，可以启用矢量蒙版。

6

彻底掌握"选择并遮住"功能！

Tip

77

"选择并遮住"功能是什么？

↓

可以对像人或动物的毛发一样复杂的
选区边缘进行高精度调整的功能

"选择并遮住"功能（CC2015.5版本以后）替代了早期版本中的"调整边缘"功能。除了对选区和蒙版进行后期调整外，使用专用工作区还能够创建更精准的选区和蒙版。

启动"选择并遮住"工作区

在Photoshop中打开图像并执行以下操作：选择"选择"菜单中"选择并遮住"命令，或者按 Ctrl + Alt + R （Windows）或 ⌘ + Option + R 组合键（Mac）；启用选区工具，例如"快速选择工具"、"魔棒工具"或"套索工具"，再单击"属性"栏中的"选择并遮住"按钮❶。

"选择并遮住"功能工作区

各工具的属性栏❷

在此处可以设置添加或减去选区、笔刷"大小"、是否"对所有图层取样"等。使用"抓手工具"或"缩放工具"时，属性栏中还会有缩放画面大小的功能按钮。

"抓手工具"属性栏

"缩放工具"属性栏

工具❸

"选择并遮住"工作区中有图像编辑模式（标准模式）中用户熟悉的工具，以及专用的新工具。

←快速选择工具
←调整边缘画笔工具
←画笔工具
←套索工具
←抓手工具
←缩放工具

"属性"面板❹

使用"选择并遮住"工作区的"属性"面板可以调整选区。可以一边确认预览图像，一边进行平滑选区边界、模糊选区等操作。

"视图模式"区域的"视图"下拉列表中共有7种方便观察的视图模式，可在此处进行选择。

Part 1
Part 2
Part 3
Part 4
Part 5
Part 6

如何改变预览图的显示效果，使视图更易观察？

⬇

[按 F 键可以在各个"视图模式"之间循环切换，选择方便观察的视图模式]

在"视图模式"区域中可以指定选区的视图模式，改变预览图显示效果，使视图更易观察。对不同的图像适合不同的视图模式，可尝试进行多次调整。

1 草地"背景"图层和小狗的图像"图层1"为叠加状态。

图层1

背景图层

2 选中"图层1"中的"小狗"，建立选区，按 Ctrl + Alt + R （Win）/ ⌘ + Option + R 组合键（Mac）。

[**Point**]

选区也可在"选择并遮住"工作区内创建。

3 进入"选择并遮住"工作区。单击"属性"面板上"视图模式"区域的"视图"缩略图 ❶，或其右侧的下拉按钮"v"，在列表中选择适合当前选区的视图模式。

4 视图模式名称右侧的字母为该视图模式的快捷键。此外按 X 键可以暂时禁用所有模式，再次按 X 键可以回到前一视图模式。

洋葱皮 O

"洋葱皮"：可以使图层变为被透明选区覆盖的状态（CC2015.5版本以后）。调节"透明度"滑块可为当前视图模式设置透明度 ❷。

Part 1
Part 2
Part 3
Part 4
Part 5
Part 6

闪烁虚线 M

使用标准的闪烁虚线显示
选区边缘。

叠加 V

将选区显示为快速蒙版的
透明红色叠加，未选中
区域显示为该颜色。默
认颜色为红色。按住 Alt
（Win）/ ⌘键（Mac）
并单击该视图模式，调
出"快速蒙版选项"对
话框，可调整"色彩指
示"和"颜色"。

黑底 A

默认设定为，将选区置于
50%透明度的黑色背景
上。可以调整不透明度。

白底 T

默认设定为，将选区置
于50％透明度的白色背
景上。也可以调整不透
明度。

黑白 K

将选区显示为黑白（灰
度）蒙版。

图层 Y

将选区周围变成透明的
区域。

Part 1

Part 2

Part 3

Part 4

Part 5

Part 6

Tip

79

"选择并遮住"中工具的具体使用方法是？

↓

使用"快速选择工具"进行粗略选择；
使用"调整边缘画笔工具"调整选区边缘

"调整边缘画笔工具"（原为"半径调整工具"）可以自动检测并选中精细的细节部分，能够精确调整发生边缘调整的选区区域。要更改画笔大小，可以在属性栏中输入所需数值，也可以按括号键"["或"]"进行调整。

1　"选择并遮住"工作区的左侧竖直排列有6个工具，从上自下第二个工具为独立的新工具"调整边缘画笔工具"，其操作与图像编辑模式中的工具操作基本相同。选项栏中的"扩展检测区域"按钮❶用于将选中部分添加至当前选区；"恢复原始边缘"按钮❷用于将选中部分从当前选区中减去。

(Point)

使用"扩展检测区域"功能时，按住 Alt（Win）/ Option 键（Mac）即可转换为"恢复原始边缘"功能；使用"恢复原始边缘"功能时，按住 Shift 键即可转换为"扩展检测区域"功能。

2　使用工具操作前，可将"属性"面板上的"视图模式"设置为"叠加"❸以方便观察（或使用快捷键 V 切换至"叠加"模式）。

3 此处先使用"快速选择工具"④，调
整画笔至合适大小以选中目标主体
⑤。选择时可以先进行粗略选择，无须精细
处理选区边缘。

快速选择工具

4 选择"调整边缘画笔工具"⑥，调小
笔画笔刷大小⑦然后环绕目标主体周
边拖动光标，则该工具会自动检测并选中精
细的细节部分（此处为蒲公英的绒毛），精
确调整目标主体选区边缘，背景无被选中
部分。

调整边缘画笔工具

5 将"属性"面板中"视图模式"区域
中的"视图"设置为"黑白"⑧（或
使用快捷键K切换至"黑白"视图模式）。

Part 1

Part 2

Part 3

Part 4

Part 5

Part 6

6 如果目标主体仍有未选中的部分，可以使用"画笔工具"进行涂抹。范围较大时可以使用"套索工具"。

7 再将"属性"面板上的"视图模式"区域中的"视图"设置为"图层" （或使用快捷键Y切换至"图层"视图模式）以确认细节。根据需要使用"调整边缘画笔工具"进行微调。

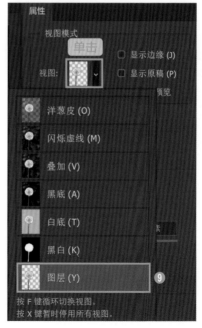

(Point)

如还需进一步精细调整，可使用"属性"面板上的"边缘检测"和"全局调整"功能（见Tip80·81）。

"边缘检测"功能具体可以做什么？

↓

[指定调整幅度的大小来调整目标主体选区的边缘区域]

"边缘检测"功能常用于无法精准选择选区边缘的情况。"半径"的默认设定值为0，该数值越大，发生边缘调整的选区区域越大。

1 在"选择并遮住"工作区中使用"快速选择工具"和"调整边缘画笔工具"建立选区（见Tip79），按A键将"属性"面板上的"视图"设置为"黑底"视图模式❶，"不透明度"设置为100%❷。

2 在"属性"面板上的"边缘检测"处调整"半径"滑块。该数值越大，发生边缘调整的选区区域越大，包含在选区内的目标主体（羊）的边缘毛发也就越多。

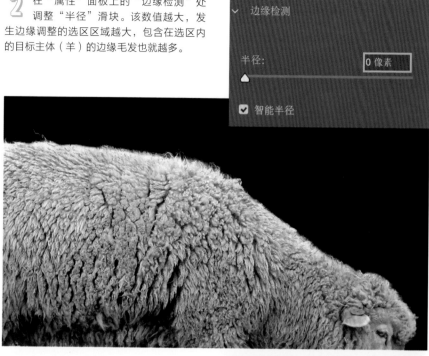

3 将"半径"数值设置为15，能够较精确地选择选区边缘。

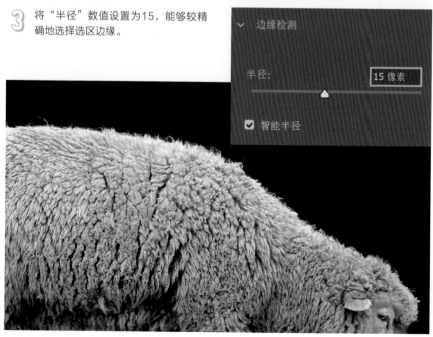

4 　勾选"智能半径"复选框，可根据不同图像的情况在选区边缘出现宽度自动变化的调整区域。在进行人、动物毛发等复杂形状或较柔软的边缘或与背景相对融合的目标主体的选取时，勾选"智能半径"功能往往可以建立更精准的选区。本案例中也是如此，勾选"智能半径"复选框后羊毛边缘部分选取更加精准、自然。不同图像可能效果不同，因此在操作时可以尝试进行勾选或不勾选对比操作，以达到更佳效果。

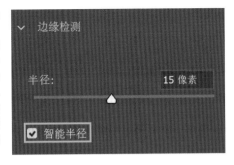

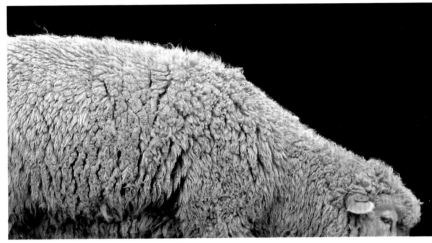

取消勾选"智能半径"复选框的效果

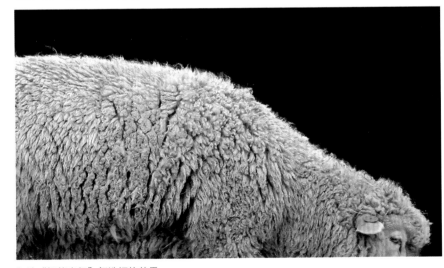

勾选"智能半径"复选框的效果

Part 1

Part 2

Part 3

Part 4

Part 5

Part 6

扫一扫
看视频

Tip
81

"全局调整"功能具体可以做什么?

[对选区边缘进行收尾前的细微调整]

完成选区前,可以使用"全局调整"功能进行最后的收尾工作,调整"平滑"、"羽化"、"对比度"、"移动边缘"滑块进行细微调整。根据选区边缘的状态选择所需的功能,进行适当设置。

1 在"选择并遮住"工作区中使用"快速选择工具"和"调整边缘画笔工具"建立选区(见Tip79),按K键将"属性"面板上的"视图"设置为"黑白"视图模式❶。

2 在"属性"面板中的"全局调整"❷区域对选区边缘进行细微调整。

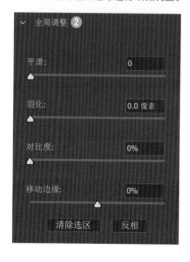

3 "平滑"：可减少选
区区域中不规则部
分以创建较平滑的轮廓。
边缘相对较凹凸不平时可
将数值调大使其平滑。

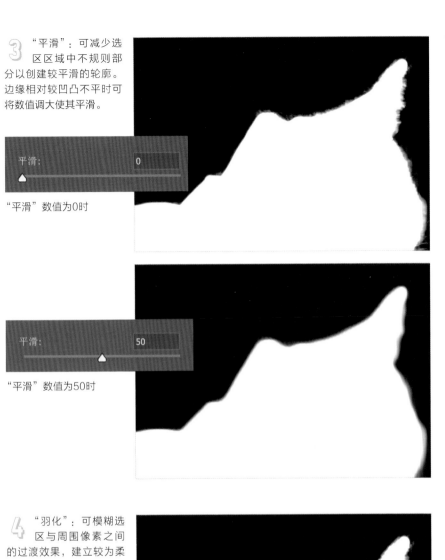

平滑： 0

"平滑"数值为0时

平滑： 50

"平滑"数值为50时

4 "羽化"：可模糊选
区与周围像素之间
的过渡效果，建立较为柔
和的选区边缘。

羽化： 0.0 像素

"羽化"数值为0时

Part 1

Part 2

Part 3

Part 4

Part 5

Part 6

"羽化"数值为5时

5　　"对比度"：可设置
　　边缘的锐度。该数
值增大时，选区的边缘会
变得更清晰。

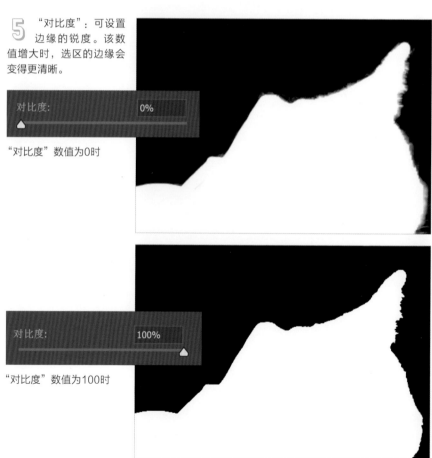

"对比度"数值为0时

"对比度"数值为100时

6 "移动边缘"：使用负值向内移动柔化边缘的区域，或使用正值向外移动这些区域。向内移动这些区域有助于从选区边缘移去不想要的背景颜色。

"移动边缘"数值为0时

"移动边缘"数值为+50%时
向外移动选区边框，可能将不需要选中的背景也纳入选区范围。

"移动边缘"数值为−50%时
向内移动选区边，可以移去不想要的背景颜色。

Part 1
Part 2
Part 3
Part 4
Part 5
Part 6

扫一扫
看视频

什么情况下勾选"净化颜色"复选框，输出效果更好？

↓

[该功能作用为颜色替换，背景为黑色或白色时
效果更好，与选区和图层蒙版无关]

勾选"净化颜色"复选框，可以将选区的彩色边缘（不需要的颜色）自动替换为附近完全选中的像素的平均颜色。背景为黑色或白色时彩色边缘更明显，此时勾选"净化颜色"复选框可以使边缘看起来清晰、干净。

在"选择并遮住"工作区中使用"快速选择工具"和"调整边缘画笔工具"创建选区（见Tip79），按A键将"属性"面板上的"视图"设置为"黑底"视图模式❶，"不透明度"设置为100%❷。

2 在"属性"面板上的"输出设置"区域中勾选"净化颜色"复选框，可以将选区彩色边缘（不需要的颜色）自动替换为附近完全选中的像素的平均颜色，使边缘看起来清晰干净。

不勾选"净化颜色"复选框

边缘处有少量绿色

勾选"净化颜色"复选框

彩色边缘被去除

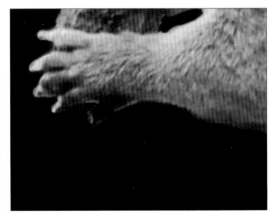

3 勾选"净化颜色"复选框后，选区彩色边缘的像素颜色会发生改变，因此"输出到"处无法选择"选区"及"图层蒙版"。

[Point]

要去除选区边界上的杂乱像素，还可以在"图层"面板上选择需要处理的图像后，使用"图层子菜单中修边"/"移去黑色杂边"/"移去白色杂边"命令。

向下合并(E)	Ctrl+E	颜色净化(C)...
合并可见图层	Shift+Ctrl+E	去边(D)...
拼合图像(F)		移去黑色杂边(B)
修边	▶	移去白色杂边(W)

145

83

在"选择并遮住"工作区
调整过的选区有哪些输出方式？

[在"输出设置"的"输出到"处选择具体的使用方式]

完成选区边缘的调整后，可以选择设置选区的输出形态。选择"选区"和"图层蒙版"，则调整后的选区变为当前图层上的选区或蒙版，由于会覆盖原有图像，操作前要根据需要提前进行拷贝等操作。勾选"净化颜色"复选框后，"输出到"处无法选择"选区"及"图层蒙版"选项。

1　单击"输出设置"区域的"输出到"右侧的下拉按钮"∨" ❶，设置选区的输出形态，完成后单击"确定"键。

选区

输出为当前图层上的选区，并覆盖原有选区。

图层蒙版

调整后的选区输出为当前图层的蒙版，
覆盖原有选区。

新建图层

调整后的选区图像剪切拷贝至新图层。
"背景"图层变为不可见。

Part 1

Part 2

Part 3

Part 4

Part 5

Part 6

新建带有图层蒙版的图层

拷贝图像整体至新建图层，将调整后的选区输出至新图层上的图层蒙版。"背景"图层变为不可见。

新建文档

将调整后的选区剪切拷贝至新文档（非原有文档文件）。

新建带有图层蒙版的文档

拷贝图像整体至新建文档（非原有文档文件），调整后的选区输出为新建文档上的图层蒙版。

如何记住"选择并遮住"的设置?

↓

[勾选"记住设置"复选框，单击"复位工作区"
按钮可恢复默认设置]

勾选"属性"面板下方的"记住设置"复选框可以保留设置参数，下一次使用"选择并遮住"工作区时无须重新操作即可使用该设置。使用该功能可以较便捷地一次性处理多张同一类型边缘的图像。

记住设置

勾选"选择并遮住"工作区下方的"记住设置"①复选框可以保留设置参数，下一次使用"选择并遮住"工作区时无须重新操作即可使用该设置，非常方便。

放弃更改的设置

单击"复位工作区"②按钮可恢复"选择并遮住"工作区启动时的默认设置。调整过工作区设置的情况下，也可以放弃之前的更改，从最初的默认设置重新开始。

[Point]

想要恢复"选择并遮住"工作区的默认设置，可以取消勾选"记住设置"复选框并单击"确定"按钮。

Tip
85

如何在"选择并遮住"工作区中调整图层蒙版？

↓

双击图层蒙版缩览图以启动
"选择并遮住"工作区

在"图层"面板中设定的图层蒙版可以在"选择并遮住"工作区中进行调整。要启动"选择并遮住"工作区，可以双击图层蒙版缩览图，或者单击"属性"面板上的"选择并遮住"按钮。

双击图层蒙版缩略图以启动"选择并遮住"工作区

1 双击图层蒙版缩览图以启动"选择并遮住"功能，需要先进行相关设置。选择"编辑"（Win）/"PhotoshopCC"菜单中（Mac）"首选项>工具"命令，调出"首选项"对话框后在"工具"选项卡中勾选"双击图层蒙版可启动'选择并遮住'工作区"复选框，并单击"确定"按钮。

(Point)

首次双击"图层"面板上图层蒙版缩览图时，会出现对话框提供选择：双击代表的指令为（1）"启动'选择并遮住'工作区"还是（2）"显示'属性'面板"。此时的选择会保存至首选项中。

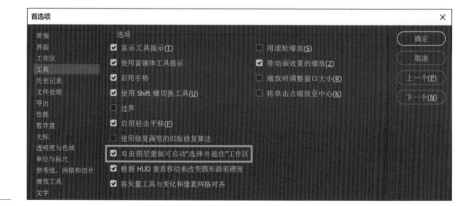

150

2 双击"图层"面板上的图层蒙版缩略图❶，即可启动"选择并遮住"工作区。

3 选区调整完成后，在"属性"面板的"输出设置"区域设置"输出到"为"图层蒙版"，单击"确定"按钮，即可以覆盖原有图像的图层蒙版。要注意如果勾选"输出设置"区域的"净化颜色"❸复选框，则"输出到"列表❷中无法选择"图层蒙版"（见Tip82）。

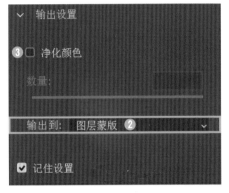

Part 3

从"属性"面板启动"选择并遮住"工作区

选择"图层"面板上图层蒙版的缩略图❹，在"窗口"菜单中选择"属性"命令，在"属性"面板"调整"区域单击"选择并遮住"按钮❺也可以启动"选择并遮住"工作区。

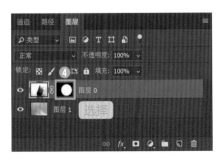

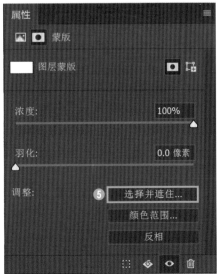

如何快速准确地选择头发部分？

↓

使用"钢笔工具"进行初步选取，然后使用 "调整边缘画笔"工具围绕头发部分涂抹

想要快速准确地用选取头发这样边缘较为纤细的主体，需要图像中人物与背景之间的对比较明显（如背景为白色等）。本例中将介绍使用"钢笔工具"进行初步较粗略地选取，然后使用"调整边缘画笔"工具围绕头发部分拖动鼠标的选择方法。

1 使用"钢笔工具"围绕头发和人身体的其他部分进行初步较粗略的选取。

钢笔工具

2 在路径被选中的状态下单击"路径"面板中的"将路径作为选区载入"按钮❶，将路径转换为选区。

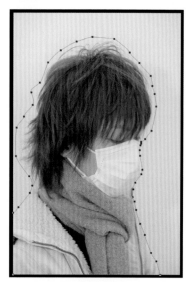

(Point)

如果后继还需要使用某个工作路径，可以对其命名并将其保存（见Tip30）。

3 按 Ctrl + Alt + R (Win) / ⌘ + Option + R
组合键(Mac),启动"选择并遮住"
工作区。为使图像便以观察,可将"属性"
面板上的"视图"设置为"叠加"视图模
式❷。

选择"调整边缘画笔工具",在选项栏
中设置画笔大小,然后围绕头发部分
拖动光标,头发会被自动检测出。

　调整边缘画笔工具

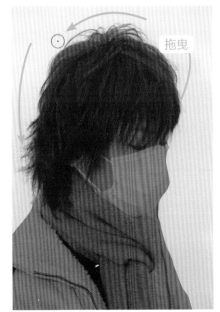

5 按A键将"属性"面板上的"视图"设
为"黑底"视图模式❸,"不透明度"
设置为100%❹以确认头发的选择效果。

Part 1

Part 2

Part 3

Part 4

Part 5

Part 6

6 边缘处有多余的白色部分，可勾选"输出设置"区域的"净化颜色"复选框⑤进行处理。

不勾选

勾选

7 设置"输出设置"区域中"输出到"为"新建带有图层蒙版的图层"⑥，然后单击"确认"按钮。边缘纤细地头发部分被较精准地成功选取，且选区输出为带图层蒙版的新图层。

如何快速选取边缘柔软且略模糊的目标主体？

⬇

先粗略选取整体，然后使用"边缘检测"功能的 "半径"与"智能半径"调整边缘

要快速选取与背景有些融合且边缘柔软的目标主体，使用"边缘检测"功能的"半径"与"智能半径"调整边缘会比用"调整边缘画笔工具"效果更好。完成选区前再使用"全局调整"功能进行收尾工作。

1 按 Ctrl+Alt+R（Win）/ ⌘+Option+R 组合键（Mac），启动"选择并遮住"工作区。为使图像便于观察，可将"属性"面板上"视图模式"区域的"视图"设置为"叠加"视图模式。

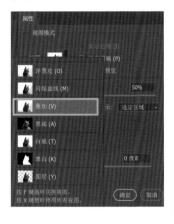

2 使用"快速选择工具"进行初步地粗略选取，在选项栏中设置好画笔的大小，在目标主体边缘拖动光标。

快速选择工具

Part 1
Part 2
Part 3
Part 4
Part 5
Part 6

3 按A键将"属性"面板上的"视图"设置为"黑底"视图模式❶,"不透明度"设置为 100%❷以确认目标主体(此处为猫)的选择效果。

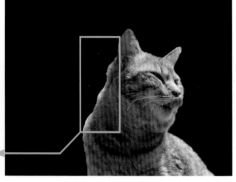

4 勾选"边缘检测"区域的"智能半径"复选框❸,将"半径"数值调大(此处为90像素)❹,这样柔软的毛发部分可以被自动检测出。

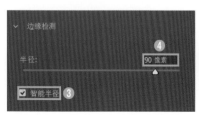

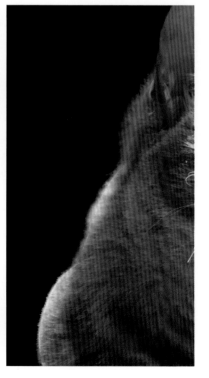

5 使用"全局调整"功能对边缘进行详细设置。"羽化"设置为0.2像素 5，可使选区边缘稍微模糊；"移动边缘"设置为−15% 6，可减少选区中不需要的背景部分。此外可勾选"输出设置"区域的"净化颜色"复选框 7 处理边缘处的多余白色部分。

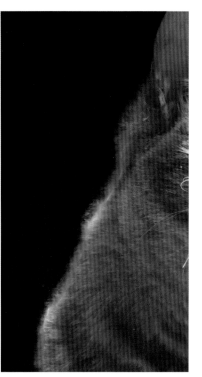

6 设置"输出设置"区域的"输出到"为新建带有图层蒙版的图层",然后单击"确认"按钮。边缘柔软且稍模糊的目标主体被较精准地成功选取，且选区输出为带有图层蒙版的新图层。

Part 1

Part 2

Part 3

Part 4

Part 5

Part 6

术语表

结　果	Windows系统	MacOS系统
撤销（还原上一步动作）	Ctrl + Z	⌘ + Z
多次撤销（还原多步前动作）	Ctrl + Alt + Z	⌘ + Option + Z
调出"首选项"对话框	Ctrl + K	⌘ + K
调出"标尺"（可建立参考线）	Ctrl + R	⌘ + R
调出"新建文档"复选框 （拷贝选区后可建立与该选区 尺寸相同的文档）	Ctrl + N	⌘ + N
隐藏/ 恢复选区的虚线边框	Ctrl + H	⌘ + H
全选（选中图像整体）	Ctrl + A	⌘ + A
解除选择（取消选区选取）	Ctrl + D	⌘ + D
再次选择（恢复上一选区）	Ctrl + Shift + D	⌘ + Shift + D
反相（反转蒙版的黑白部分）	Ctrl + I	⌘ + I
反选	Ctrl + Shift + I	⌘ + Shift + I
建立剪贴蒙版	Ctrl + Alt + G	⌘ + Option + G
通过拷贝新建图层	Ctrl + J	⌘ + J
通过剪切新建图层	Ctrl + Shift + J	⌘ + Shift + J
拷贝选区并调出"新建图层"复选框	Ctrl + Alt + J	⌘ + Option + J
剪切选区并调出"新建图层"复选框	Ctrl + Shift + Alt + J	⌘ + Shift + Option + J
使用前景色填充	Alt + Delete	Option + Delete
使用背景色填充	Ctrl + Delete	⌘ + Delete
调出"填充"对话框	Shift + Backspace	Shift + Delete
填充（调出"填充"对话框）	Shift + F5	Shift + F5
羽化选区	Shift + F6	Shift + F6
以1像素为单位移动选区	使用选区工具+ 方向键 ↑↓←→	使用选择类工具+ 方向键 ↑↓←→
以10像素为单位移动选区	使用选择类工具+Shift+ 方向键 ↑↓←→	使用选择类工具+Shift+ 方向键 ↑↓←→

此表中快捷键为软件的默认设置。在"编辑"菜单中选择"键盘快捷键"命令（Alt+Shift+Control+K（Windows）/ Alt+Shift+⌘+K组合键（macOS）），在打开的对话框中可以变更快捷键的默认设置，也可以增加新的快捷键指令。

结　果	Windows系统	MacOS系统
默认前景色/背景色	D	D
切换前景色/背景色	X	X
选择"画笔工具"	B	B
选择"选框"工具组	M	M
选择"套索"工具组	L	L
选择"快速选择"工具组	W	W
依次选择工具组中各工具	Shift+各工具组快捷键	Shift+各工具组快捷键
暂时性切换至"抓手工具"，可以拖曳并移动图像	Backspace	Backspace
使用"矩选框工具"、"椭圆选框工具"等建立选区途中使用该快捷键可移动选区位置	Backspace	Backspace
调出选区	Ctrl+单击 ▶图层蒙版缩略图/路径缩略图/通道	⌘+单击 ▶图层蒙版缩略图/路径缩略图/通道
追加矢量蒙版	▶"路径"面板/"图层"面板的"创建新图层"按钮	▶"路径"面板/"图层"面板的"创建新图层"按钮
蒙版暂时无效	Shift+单击 ▶图层蒙版缩略图/矢量蒙版缩略图	Shift+单击 ▶图层蒙版缩略图/矢量蒙版缩略图
依次选择工具组中各工具	Alt+单击 ▶工具按钮	Option+单击 ▶工具按钮
显示图层蒙版	▶图层蒙版缩略图	▶图层蒙版缩略图
创建剪贴蒙版	▶图层边界	▶图层边界
添加选区	Ctrl+Shift+单击 ▶图层蒙版缩略图/路径缩略图/通道	Option+Shift+单击 ▶图层蒙版缩略图/路径缩略图/通道
从当前选区中减去	Ctrl+Alt+单击 ▶图层蒙版缩略图/路径缩略图/通道	⌘+Alt+单击 ▶图层蒙版缩略图/路径缩略图/通道
创建正方形/正圆形选区	Shift+拖动 ▶使用"矩形选框工具"/"椭圆选框工具"时	Shift+拖动 ▶使用"矩形选框工具"/"椭圆选框工具"时
从中心向四周建立选区	Ctrl+拖动 ▶使用"矩形选框工具"/"椭圆选框"工具时	⌘+拖动 ▶使用"矩形选框工具"/"椭圆选框"工具时
拷贝选区	▶使用"移动工具"（"选择"工具+Ctrl（Win）/⌘（Mac））操作选区	▶使用"移动工具"（"选择"工具+Ctrl（Win）/⌘（Mac））操作选区

想要在同一个工具组内按次序进行切换，可以使用Shift键+选区工具的快捷键，也可以在"首选项"（Ctrl+K（Win）/⌘+K（Mac））的"工具"选项卡中取消勾选"使用Shift键切换工具"复选框后直接使用字母快捷键操作，这样更加方便。

CHO JITAN PHOTOSHOP SENTAKU HANI TO MASK SOKKO UP !

by Hiropon Tsuge

Copyright © 2020 Toshiyuki Hashimoto

Chinese translation rights in simplified characters arranged with GIJUTSU-HYORON CO., LTD.

through Japan UNI Agency, Inc., Tokyo

律师声明

侵权举报电话

全国"扫黄打非"工作小组办公室　　　中国青年出版社

010-65233456　65212870　　　　010-59231565

http://www.shdf.gov.cn　　　　　　E-mail: editor@cypmedia.com

图书在版编目（CIP）数据

超快速提升Photoshop设计力: 选区应用/（日）柘植博芳著; 司雨萌译. -- 北京: 中国青年出版社, 2021.1

ISBN 978-7-5153-6160-4

I.①超... II.①柘... ②司... III.①图像处理软件 IV.①TP391.413

中国版本图书馆CIP数据核字（2020）第163818号

版权登记号 01-2020-3142

超快速提升Photoshop设计力 —— 选区应用

[日] 柘植博芳 / 著　司雨萌 / 译

出版发行：中国青年出版社

地　　址：北京市东四十二条21号

邮政编码：100708

电　　话：(010) 59231565

传　　真：(010) 59231381

企　　划：北京中青雄狮数码传媒科技有限公司

主　　编：张　鹏

策划编辑：张　鹏

执行编辑：张　沣

责任编辑：张　军

封面设计：乌　兰

印　　刷：北京瑞禾彩色印刷有限公司

开　　本：880 x 1230　1/32

印　　张：5

版　　次：2021年2月北京第1版

印　　次：2021年2月第1次印刷

书　　号：ISBN 978-7-5153-6160-4

定　　价：66.00元（附赠独家秘料，关注封底公众号获取）

本书如有印装质量等问题，请与本社联系

电话：(010) 59231565

读者来信：reader@cypmedia.com

投稿邮箱：author@cypmedia.com

如有其他问题请访问我们的网站：http://www.cypmedia.com